Tobias Ai

30 Minuten

Verkaufsgespräche

Bibliografische Information der Deutschen Nationalbibliothek

Die Deutsche Nationalbibliothek verzeichnet diese Publikation in der Deutschen Nationalbibliografie; detaillierte bibliografische Daten sind im Internet über http://dnb.d-nb.de abrufbar.

Umschlaggestaltung: die imprimatur, Hainburg
Umschlagkonzept: Martin Zech Design, Bremen
Lektorat: Eva Gößwein, Goldbach
Satz: Zerosoft, Timisoara (Rumänien)
Druck und Verarbeitung: Salzland Druck, Staßfurt

2. Auflage 2019

Hinweis:
Das Buch ist sorgfältig erarbeitet worden. Dennoch erfolgen alle Angaben ohne Gewähr. Weder der Autor noch der Verlag können für eventuelle Nachteile oder Schäden, die aus den im Buch gemachten Hinweisen resultieren, eine Haftung übernehmen.

Printed in Germany

ISBN 978-3-86936-710-1

In 30 Minuten wissen Sie mehr!

Dieses Buch ist so konzipiert, dass Sie in kurzer Zeit prägnante und fundierte Informationen aufnehmen können. Mithilfe eines Leitsystems werden Sie durch das Buch geführt. Es erlaubt Ihnen, innerhalb Ihres persönlichen Zeitkontingents (von 10 bis 30 Minuten) das Wesentliche zu erfassen.

Kurze Lesezeit

In 30 Minuten können Sie das ganze Buch lesen. Wenn Sie weniger Zeit haben, lesen Sie gezielt nur die Stellen, die für Sie wichtige Informationen beinhalten.

- Alle wichtigen Informationen sind blau gedruckt.

- Schlüsselfragen mit Seitenverweisen zu Beginn eines jeden Kapitels erlauben eine schnelle Orientierung: Sie blättern direkt auf die Seite, die Ihre Wissenslücke schließt.

- *Zahlreiche Zusammenfassungen innerhalb der Kapitel erlauben das schnelle Querlesen.*

- Ein Fast Reader am Ende des Buches fasst alle wichtigen Aspekte zusammen.

- Ein Register erleichtert das Nachschlagen.

Inhalt

Vorwort

Verkaufen ist ...? Genau! Verkaufen ist Reden. Reden und noch eine ganze Menge mehr. Verkaufen ist auch Überzeugen. Verkaufen ist, die richtigen Fragen stellen und die richtigen Antworten haben. Verkaufen ist also nicht nur ein Gespräch, sondern ein Gespräch mit einem Ziel: dem Verkaufsabschluss.

Alles, was zwischen dem ersten zaghaften Kontakt zum Kunden und dem freudigen Abschluss steht, sehen viele noch als Blackbox an, als etwas Kompliziertes, ja geradezu als ein Geheimnis. Tatsächlich ist das Verkaufsgespräch sehr vielschichtig und es gibt viel darüber zu lernen. Es ist aber alles andere als kompliziert, ja es ist sogar einfach, wenn man es kann.

Was bei vielen Verkäufern so unglaublich leicht wirkt, ist meist das Ergebnis jahrelanger harter Arbeit an sich selbst und vor allem am eigenen Verkaufsgespräch. Topverkäufer verfeinern ihr Verkaufsgespräch immer weiter und werden erst dadurch zu den besten Verkäufern in ihrem Umfeld.

Auch im Zeitalter des Internets steht das Verkaufsgespräch im Zentrum eines jeden Verkaufserfolgs. Das moderne Verkaufen ist häufig ein Zusammenspiel aus geschicktem Marketing, direkten Gesprächen zwischen Kunde und Verkäufer und der gesamten Kommunikation über das Internet, im Print oder über andere Werbekanäle. Daher lassen sich viele Tipps aus diesem Buch auf die Kommunikation über diese Kanäle übertragen.

Dieser Ratgeber gibt jedem Verkäufer, ob seit Kurzem im Geschäft oder schon länger dabei, einen roten Faden für das erfolgreiche Verkaufsgespräch an die Hand. Der rote Faden beginnt vor dem eigentlichen Verkaufsgespräch, genauer gesagt mit dem, was im Kopf des Verkäufers vor dem Gespräch passiert oder passieren sollte. Danach geht es um die Inhalte des Verkaufsgesprächs. Damit dessen Ziel, nämlich ein gelungener Verkaufsabschluss, auch erreicht wird, erfährt der Verkäufer, wie er durch bestimmte Wörter, interessante Geschichten und wirkungsvolle Fragen den Erfolg des Gesprächs steuern kann.
Das Wichtigste, was man für ein gutes Verkaufsgespräch wissen sollte, wird am Ende des Buches genauer erklärt: Verkaufen Sie ein gutes Gefühl! Verkaufen basiert nicht, wie viele annehmen, auf einer rationalen Entscheidung des Kunden, auf einem Abwägen von Vor- und Nachteilen, sondern es ist zu hundert Prozent emotional!
Viele praktische Beispiele zeigen, das Verkaufen keine Formel ist, die sich auswendig lernen lässt. Das Verkaufsgespräch der Topverkäufer enthält viele interessante Elemente, die nicht dazu gedacht sind, sie eins zu eins zu wiederholen – aber bei häufigerem Lesen multiplizieren sie die Lust und den Spaß am Verkaufen!

Viele erfolgreiche Verkaufsgespräche wünscht Ihnen

Tobias Ain

30 MINUTEN

1. Vor dem Verkaufsgespräch

Das Verkaufsgespräch beginnt schon vor dem ersten Satz, den Sie mit dem Kunden wechseln. Der Erfolg eines Verkaufsgesprächs hängt entscheidend von der Vorbereitung des Verkäufers ab. Häufig fangen Verkäufer jedoch einfach an zu reden – ohne Plan, ohne Ziel und vor allem ohne Informationen über den Kunden. Damit verspielen sie oft leichtfertig ihre Chance auf den Verkaufsabschluss.

Aber nicht nur das „Was“ ist entscheidend, sondern auch das „Wie“. Damit sind die Einstellung gemeint, mit der ein Verkäufer ins Gespräch geht, und die Gedanken, die er dabei hat.

Außerdem ist es wichtig, zu klären, welches Ziel mit dem Verkaufsgespräch verfolgt wird, denn nicht jedes Verkaufsgespräch zielt auf den sofortigen Abschluss ab.

1.1 Wer verkaufen will, braucht Informationen

Redegewandtheit, Abschlussstärke und ein geschickter Umgang mit Einwänden des Kunden sind sicherlich eine gute Voraussetzung, um ein guter Verkäufer zu sein. Letztendlich geht es im Verkaufsgespräch aber darum, Menschen zu überzeugen, die angebotene Ware oder Dienstleistung zu kaufen.

Wer nichts weiß, verkauft nichts

Sicherlich hat sich auch das Thema Verkauf in den letzten Jahren extrem gewandelt. Der Kunde ist heute in der Lage, auch ohne Verkäufer an alle Informationen, die er für einen Kauf benötigt, zu kommen. Moderne Medien und das Internet haben dazu erheblich beigetragen. Der Verkäufer hat, wenn überhaupt, nur einen geringen Wissensvorsprung gegenüber dem Kunden.

Heute verkauft also nicht mehr, wer viel über sein Produkt weiß, sondern, wer die Probleme des Kunden kennt und genau weiß, wie er mit seinem Produkt genau diese Probleme lösen kann. Und genau dafür brauchen Verkäufer Informationen, und zwar möglichst genaue und möglichst viele.

Es reicht auch nicht mehr, einfach neue Produkte zu entwickeln, sondern man muss die richtigen entwickeln. Beispielsweise gibt es nicht nur einen Hersteller von Mobiltelefonen, sondern sehr, sehr viele. Wer seine Kunden am besten versteht, verkauft hier. Als Anbieter von Mobiltelefonen brauche ich Informationen darüber, welche Funktionen sich der Kunde wünscht, was er genau mit dem Gerät machen möchte oder welchen Preis er zu zahlen bereit ist.

Was ich über meinen Kunden wissen sollte

Jeder Kunde ist anders, jedes Produkt ist anders und natürlich ist auch jedes Verkaufsgespräch anders. Topverkäufer sind zwar hochflexibel, überlassen allerdings nichts dem Zufall. Ein guter Verkäufer ist auch mal überrascht, aber nicht über das, was ihn im Verkaufsgespräch erwartet, sondern vielleicht darüber, dass es entgegen der Wettervorhersage nun doch regnet – oder dass der Kunde doppelt so viel kauft wie erwartet. Das Verkaufsgespräch selbst hat er sich allerdings schon so oder so ähnlich vorgestellt.

Laufen Sie doch mal unvorbereitet einen Marathon, einfach so, weil es gerade angesagt ist. Schließlich haben ja schon viele vor Ihnen einen Marathon bewältigt, und in der Grundschule sind Sie ja auch schon mal ein paar Runden auf der Aschenbahn gelaufen. Mit ziemlicher Sicherheit werden Sie überrascht sein von der Herausforderung, die so ein Marathon darstellt. Wenn Sie allerdings schon mal einen Marathon gelaufen sind und sich richtig gut vorbereitet haben, wissen Sie, was Sie erwartet, und Sie können ganz entspannt in den Lauf gehen.

Genauso wird es Ihnen gehen, wenn Sie sich die Zeit für die Vorbereitung Ihres Verkaufsgesprächs nehmen. Je

mehr Sie sich vorbereiten, desto weniger Zeit nimmt das Ganze letztlich in Anspruch.
Um gut vorbereitet ins Verkaufsgespräch zu gehen, brauchen Sie genau zwei Dinge:
1. Informationen über den Kunden,
2. Informationen über die Marktsituation.

Kundeninformationen

War es vor Jahren noch um einiges schwerer, Informationen über einen zukünftigen Geschäftspartner zu bekommen, sind die meisten relevanten Informationen über einen Kunden heute nur einen Mausklick entfernt. Das Internet ist eine wahre Fundgrube für Kundeninformationen. Informationsquelle Nummer eins ist häufig die Firmenwebseite des Kunden. Unter „Impressum" finden Sie Daten wie Anschrift, Telefonnummern und den Namen des Geschäftsführers oder Vorstands. Viele Firmen haben auf ihrer Webseite auch eine Rubrik namens „Über uns" oder eine über die Geschichte der Firma. In diesem Fall gilt: unbedingt lesen und erst mal alle Informationen sammeln! Da ja Geschäfte zwischen Menschen und nicht zwischen Firmen gemacht werden, brauchen Sie auch noch Informationen über Ihre direkte Kontaktperson, Ihren Ansprechpartner oder den Entscheider. Wenn Sie die Firma betreten und nach dem Zuständigen für Ihr Anliegen fragen, ist es schon zu spät. Wenn immer möglich müssen Sie schon vorab wissen, zu wem Sie gehen oder wen Sie anrufen möchten, das ist Pflicht!
Wenn Sie wissen, wer Ihr Kontakt ist, dann versuchen

Sie, alles über ihn herauszufinden – und ich meine wirklich alles! Gerade private Informationen können sehr nützlich sein, denn dadurch wissen Sie genau, was für ein Mensch Ihr Gegenüber ist. Natürlich sollen Sie nicht wie ein Detektiv im Privatleben Ihres Kunden herumschnüffeln. Wenn Sie aber etwas über seinen Werdegang, seine Qualifikationen, seine Hobbys und Ansichten herausfinden, dann können Sie sich schon ein recht klares Bild von Ihrem Gegenüber machen. Die sozialen Netzwerke oder Business-Netzwerke im Internet sind eine gute Quelle für solche Informationen. Oft finden Sie sogar ein Foto im Netz, dann wissen Sie schon mal, nach wem Sie beim ersten Treffen Ausschau halten müssen. Mir persönlich hilft es selbst beim Telefonieren, wenn ich ein Bild meines Kunden vor mir habe.
Sie können aber auch ohne das Internet eine ganze Reihe von Informationen über Ihren Kunden einholen. Es gibt Firmenverzeichnisse, Gelbe Seiten, Branchenzeitschriften oder Messezeitschriften, außerdem haben Sie vielleicht schon eine Kundenkartei oder Kundenhistorie.
Schön wäre es, wenn Sie auch Ihre Konkurrenz fragen könnten, was diese denn über den Kunden weiß. Da Ihre unmittelbaren Konkurrenten aber wohl kaum einfach so diese Informationen herausgeben werden, fragen Sie stattdessen doch einfach mal andere Verkäufer aus anderen Branchen, die mit Ihrem Zielkunden Geschäfte machen. Fragen Sie sie: „Wie ist X denn so?“ Sie können sich auch bei den Kollegen Ihres Kunden vorsichtig umhören. Vielleicht kennen Sie sogar jemanden,

der jemanden kennt, der Ihnen Auskunft geben kann ... Darf man das? Oh ja, der Kunde erwartet das sogar! Haben Sie also keine Angst, so viel wie möglich über Ihren Kunden herauszufinden. Heute haben Kunden immer weniger Zeit für Small Talk und Geplänkel, Sie müssen schnell zur Sache kommen. Wenn der Kunde erst noch einen Fragebogen ausfüllen muss, bevor er mit Ihnen Geschäfte machen darf, ist die Kauflust schnell verflogen. Fragen wie „Was ist denn Ihre Aufgabe hier in der Firma?" sind deshalb eher unangebracht. Sie sollten natürlich auch genügend Informationen über die Firma als solche sammeln. Alles, was Sie für ein gutes Verkaufsgespräch gebrauchen können, alles, was den Abschluss erleichtert, sollten Sie in Erfahrung bringen. Dazu gehört der mögliche Bedarf Ihres Kunden. Womöglich können Sie auch herausfinden, welcher Mitbewerber bisher Lieferant Ihres Kunden war. Wie sind die Entscheidungswege in der Firma? Welche Projekte verfolgt die Firma? Wo können Sie die passende Lösung für ein Problem des Kunden liefern? Die Antworten auf diese Fragen bringen Sie im Verkaufsgespräch in eine äußerst komfortable Position.

Machen Sie also Ihre Hausaufgaben und ersparen Sie dem Kunden und sich selbst ein mühsames Ratespiel.

Marktkenntnisse

Als Verkäufer dürfen Sie nicht mit Scheuklappen im Markt agieren. Ignoranz gegenüber den sogenannten Marktbegleitern kann Sie viel Umsatz kosten.

Gute Verkäufer wissen ganz genau, was die anderen machen. Der Kunde darf nicht die Möglichkeit haben, dem Verkäufer ein X für ein U vorzumachen. Nur wer den Markt gut kennt, kann darauf entsprechend reagieren. Wer hier gut vorbereitet ist, weiß bereits im Vorfeld, was der Kunde sagen und fragen wird.

Welche Informationen über den Markt helfen Ihnen?
Im Wesentlichen brauchen Verkäufer folgende Informationen:
- Preise,
- Vertriebswege,
- Konditionen,
- Stärken und Schwächen verschiedener Anbieter.

Je nach Branche können noch weitere Faktoren eine Rolle spielen. Zum Beispiel gibt es Branchen, in denen auf ethisches Verhalten der Firmen viel Wert gelegt wird, oder solche, in denen gewisse Umweltauflagen eingehalten werden müssen.

Wie kommen Sie als Verkäufer an alle relevanten Informationen über den Markt heran? Die Konkurrenz direkt anzurufen, ist meist nicht sinnvoll.
Wie bei den Kundeninformationen ist auch hier das Internet eine hervorragende Quelle. Recherchieren Sie zum Beispiel hin und wieder auf der Webseite Ihres Mitbewerbers. Branchentreffen und Messen sind ebenfalls eine gute Möglichkeit, um sich ein Bild von der Marktsituation zu machen. Außerdem haben die meisten Firmen öffentlich zugängliche Produktbeschreibun-

gen, Sie müssen also nicht gleich einen Detektiv einschalten.
Viele Verkäufer bekommen auch spannende Informationen von ihren eigenen Kunden. Dazu brauchen Sie natürlich vertrauensvolle Kunden. Das sind Kunden, die Sie wahrscheinlich schon lange kennen. Solche Kunden muss man meist gar nicht fragen, sie informieren Sie gern, weil Sie wiederum auch ihnen helfen und die Kunden sich dafür auf diese Weise bedanken wollen.

Faustregel: Je größer das Projekt, desto mehr Informationen sollten Sie vor dem eigentlichen Verkaufsgespräch einholen.

30 *Wenn Sie erfolgreich verkaufen wollen, brauchen Sie Informationen über Ihren Kunden. Dazu gehören nicht nur der Name des Ansprechpartners, sondern auch seine Position in der Firma, Entscheidungswege und auch persönliche Informationen über den Ansprechpartner. Sie sollten zudem wissen, was die Wettbewerber anbieten.*

1.2 Wer verkaufen will, kennt sein Produkt

Wer nicht weiß, was er verkauft, wird nichts verkaufen.
Sie kennen wahrscheinlich auch den Spruch: „Fachidiot schlägt Kunden tot!“ Da ist sicher etwas Wahres dran,

da Produktwissen allein nicht verkauft und überzeugt, aber dennoch ist es eine zwingende Voraussetzung für den erfolgreichen Verkauf.

Verlieben Sie sich mal wieder

Ja, Sie haben richtig gelesen: Sie sollen sich verlieben, und zwar in Ihr Produkt, Ihre Dienstleistung. Dabei gibt es durchaus gewisse Analogien zum Verlieben in einen Menschen. Wer sich verliebt, hat eine rosarote Brille auf. Das ist eine tolle Sache, macht sie das Leben doch viel einfacher: Wer durch die rosarote Brille schaut, sieht alles in schönen Farben und übersieht Fehler und Macken des anderen.

Wenn Sie in Ihr Produkt verliebt sind, sehen Sie auch hauptsächlich die schönen Seiten und die Vorteile Ihres Produktes. Etwaige Fehler übersehen Sie einfach. Das heißt natürlich nicht, dass Sie sich ein Produkt, das eigentlich schlecht ist, einfach nur „schöndenken" müssen, um es zu verkaufen. Das machen Sie ja bei der Suche nach einem Partner auch nicht! Es geht nur um die kleinen Macken, die auch Ihr Produkt hat.

Was passiert, wenn Sie so richtig in Ihr Produkt verliebt sind? Sie fangen an zu schwärmen! Vor lauter Glück möchten Sie jede Gelegenheit nutzen, um es anzubieten. Sie wollen der Welt zeigen, was Sie für einen tollen Schatz gefunden haben. Und sollte einer versuchen, Ihnen Ihr Produkt madig zu machen? Wenn Sie verliebt sind – keine Chance!

Verliebt und doch realistisch

Wer schon etwas länger verliebt ist und mittlerweile die rosarote Brille abgesetzt hat, der hat noch etwas mit einem guten Verkäufer gemeinsam: Er ist auch Realist.

Als guter Verkäufer sind Sie sich durchaus bewusst, dass Ihr Produkt Grenzen hat und nicht für jeden Kunden die beste Lösung ist. Ihr Produkt ist nicht der Heilige Gral, der jedes Problem löst. Außerdem sind Sie sich darüber im Klaren, dass es auch andere Anbieter im Markt gibt.

Wer die Grenzen seines Produktes kennt, kann diese im Verkaufsgespräch entweder geschickt umschiffen oder dem Kunden klarmachen, warum diese Lösung trotzdem noch die beste ist. So mancher Verkäufer blendet allerdings am liebsten alles aus, was die Stimmung im Verkaufsgespräch trüben könnte. Mit dieser Einstellung kommt man jedoch nicht weit. Wer sein Produkt mit all seinen Schwächen nicht realistisch einschätzen kann, wirkt einfach nur arrogant und ignorant. Wenn Sie eine ehrliche Kundenbeziehung aufbauen wollen, achten Sie auch darauf.

Kunden reagieren sehr allergisch auf übertriebene Produktanpreisungsorgien. Der Kunde äußert dann Sätze wie: *„Jeder denkt, er hat das beste Produkt."* Warum denken Kunden so? Weil Verkäufer allzu oft übertreiben. Bleiben Sie also auf dem Teppich, auch wenn Sie total verliebt sind in Ihr Produkt oder Ihre Dienstleistung.

Wie gut kennen Sie Ihr Produkt?

Dass ein Verkäufer sein Produkt kennen muss, ist an sich wohl kein Geheimnis. Als Erstes kommen Ihnen nun wahrscheinlich die vielen Daten und Fakten rund um Ihr Produkt in den Sinn. Es gibt vermutlich Unmengen an Produktbeschreibungen und Anwendungsbeschreibungen zu Ihrem Produkt. Je nachdem, was Sie für ein Produkt verkaufen, gibt es dann noch Bedienungsanleitungen, technische Datenblätter, Zulassungspapiere und so weiter. Natürlich ist die „Produktbeschreibung" für ein Flugzeug wesentlich umfangreicher als die für Aufbackbrötchen, und dann gibt es noch Dienstleistungen, die erst speziell für den Kunden zusammengestellt werden müssen – dennoch, irgendwelche Informationen gibt es zu jedem Produkt.

Bevor Sie nun aber alles, was es über Ihr Produkt zu wissen gibt, auswendig lernen, stellen Sie sich bitte eine wichtige Frage: Was will der Kunde wirklich wissen?

Sie vermuten völlig zu Recht, dass der Kunde gar nicht alles wissen will. Was den Kunden wirklich interessiert, ist doch nur eins: Was habe ich davon, wenn ich dieses Produkt kaufe?

Betrachten Sie Ihr Produkt also einmal mit den Augen des Kunden und stellen Sie sich dabei diese Frage. Im Fokus stehen dann nicht mehr die Produkteigenschaften, sondern das, was Ihr Produkt kann – und damit das, was Ihr Kunde damit machen kann.

Den Bäcker interessiert es wahrscheinlich nicht so sehr, welchen Wert die Viskosität oder Schüttdichte des Mehls hat, sondern vor allem, was er mit dem Mehl backen kann. Auch wenn Sie selbst Chemie studiert haben, wird diesen Kunden die Molekularstruktur des Produkts wahrscheinlich weniger interessieren, es sei denn dieser Bäcker ist zufällig promovierter Chemiker. Nun können Sie natürlich auch nicht hellsehen und wissen deshalb nicht, welche Daten und Eigenschaften Ihr Kunde letztlich für eine Entscheidung brauchen wird. Daher gilt natürlich, dass Sie möglichst viel über Ihr Produkt wissen sollten.

Testen Sie Ihr Wissen!
Folgende Fragen zu Ihrem Produkt sollten Sie beantworten können:

- Welche Eigenschaften meines Produktes lassen sich in einen Nutzen für den Kunden übersetzen?
- Welche Probleme des Kunden kann mein Produkt lösen?
- Welche Varianten meines Produktes gibt es?
- Wie kann ich mein Produkt möglicherweise an Kundenbedürfnisse anpassen?
- Welche Preise und Rabatte kann ich anbieten?
- Welche Fragen stellen meine Kunden am häufigsten?
- Wie stehen wir im Vergleich zu unserer Konkurrenz da?

Eine wirklich sinnvolle Übung wäre es nun, Papier und Stift zur Hand zu nehmen und diese Fragen schriftlich zu beantworten. Das brauchen Sie nur einmal zu tun, und die Qualität Ihrer Verkaufsgespräche steigt enorm.

Was werden wohl Ihre Kunden sagen, wenn Sie auf all ihre Fragen eine Antwort parat haben? Sie werden Sie dann als kompetent und vertrauenswürdig wahrnehmen. Ihre Kunden werden in etwa so denken: *„Dieser Verkäufer weiß ja auf jede Frage eine Antwort. Bestimmt bekommt er diese Fragen oft gestellt, und wenn er sie so oft gestellt bekommt, hat er bestimmt viele Kunden. Wenn ihm also viele Kunden vertrauen, kann ich das wohl auch ..."* Kunden kaufen übrigens nicht aus Überzeugung, sondern weil Sie Ihnen vertrauen!

30

Verlieben Sie sich regelrecht in Ihr Produkt! Wenn Sie ins Schwärmen geraten, überzeugen Sie Ihre Kunden leichter. Lernen Sie relevante Informationen auswendig, stellen Sie aber nicht so sehr in den Vordergrund, was Ihr Produkt kann, sondern was der Kunde damit machen kann.

1.3 Verkaufsgespräche beginnen im Kopf

Viele Verkäufer machen den Denkfehler, davon auszugehen, dass Verkaufsgespräche erst gegen Ende entschieden werden. Das kann zwar richtig sein, doch das Ende kommt manchmal schneller, als man denkt, wenn der Anfang nicht ordentlich gemacht wurde. Gute Verkäufer beginnen ein Gespräch nicht „einfach so" und kommen dann irgendwann, nach etwas Geplänkel, zum eigentlichen Verkaufsgespräch. Ein Verkäufer muss nicht vom ersten Augenblick an wachsam sein, sondern schon *vor* dem ersten Augenblick.

Auf Abschluss programmiert

Wer schon vor dem ersten Wort an den Abschluss denkt, kommt diesem auch im Verkaufsgespräch spielend einfach näher. Sie müssen sich sozusagen „auf den Verkaufsabschluss programmieren". Dabei geht es gar nicht so sehr darum, was Sie sagen und welche Strategie Sie im Gespräch verfolgen werden, sondern vor allem um eines: das richtige „Mindset", die Art und Weise, wie Sie denken, Ihre Einstellung.
Man kann also durchaus sagen, dass Ihre Stimmung verkaufsentscheidend ist. Natürlich ist es auch wichtig, was Sie sagen und welche Worte Sie gebrauchen, doch die Worte kommen nur dann in der richtigen Art und Weise aus Ihnen heraus, wenn die Stimmung stimmt.

Was Sie über den Kunden denken

Was denken Sie wirklich über Ihren Kunden? Das sollte Ihnen nicht egal sein, denn der Kunde merkt ganz genau, ob Sie ehrlich sind, es gut mit ihm meinen und ihm wirklich was Gutes tun wollen. Auch wenn Sie es nicht aussprechen, kann er es allein an Ihrer Körpersprache ablesen.

Nehmen Sie die Perspektive des Kunden ein!
Versetzen Sie sich vor dem Verkaufsgespräch in die Situation des Kunden und beantworten Sie für sich die einfache Frage:

- Warum soll der Kunde bei mir kaufen?

Solange Sie diese einfache Frage nicht beantworten können, brauchen Sie erst gar nicht anzufangen. Es geht hier auch nicht darum, zu erklären, warum Ihr Produkt das beste ist, sondern einzig und allein um den Nutzen, den der einzelne Kunde von Ihrem Produkt hat. Ein Kunde, der den Nutzen nicht sieht, wird niemals kaufen.
Hand aufs Herz: Würden Sie von sich selbst kaufen?

Dollarzeichen in den Augen

Sicher kennen Sie die typische Darstellung von Geldgier in Comics und Cartoons: Die Figuren haben Dollarzeichen in den Augen – und tatsächlich sieht man es auch realen Menschen an, wenn sie nur an den eigenen Profit, an ihre Provision denken.
Natürlich sollen Sie als Verkäufer auch Ihren gerechten Lohn bekommen, aber Vorsicht: Der Nutzen des Kunden kommt vor Ihrem Verdienst.
Wenn das nicht Ihre Einstellung ist, dann hat der Kunde das Gefühl, etwas angedreht zu bekommen und nur Mittel zum Zweck zu sein. Wenn Sie dagegen wirklich die Wünsche des Kunden im Sinn haben, mag es sogar vorkommen, dass Sie auch mal ein nicht so lohnendes Geschäft machen. Was dann passiert, kann man allerdings

mit Gold nicht aufwiegen: Sie bekommen das, was sich jeder Verkäufer wünscht: einen zufriedenen Kunden. Natürlich gibt es auch Situationen, in denen ein bestimmtes Produkt verkauft, der Umsatz gesteigert oder der Rohertrag im Auge behalten werden muss. Das wird aber nur dann zu einem Problem, wenn Sie nicht schon vorher eine gute Kundenbeziehung aufgebaut haben. Kunden, die Sie immer gut behandelt haben, tun Ihnen auch gern mal einen Gefallen. Gute Kunden tragen auch mal eine Preiserhöhung oder helfen Ihnen dabei, die Regale leer zu bekommen.

Nicht jeder Kunde kauft

Es wäre schon ein wenig unheimlich, wenn jeder Kunde, den Sie ansprechen, sofort kaufen möchte. Dann könnte man wohl nicht mehr von Verkaufen sprechen, sondern nur noch von Verteilen! Eines muss Ihnen klar sein: Auch wenn Sie mithilfe der Tipps aus diesem Buch einem perfekten Verkaufsgespräch schon sehr nahe kommen, gibt es ein solches in der Realität letztlich nicht: Das perfekte Verkaufsgespräch ist eine Illusion. Es gibt also Situationen im Verkaufsalltag, in denen Sie scheitern werden. Das hat verschiedene Gründe:

- Jedes Verkaufsgespräch ist anders.
- Nicht jeder braucht Ihr Produkt.
- Auch Verkäufer machen Fehler.

Wenn Sie sich dieser wichtigen Wahrheit bewusst sind, können Sie viel entspannter ins Verkaufsgespräch gehen. Wenn Sie bereit sind, auch mal zu scheitern, werden Sie sich trotzdem anstrengen, der Druck ist aber geringer und auch der Kunde fühlt sich wohler.

Der größte Feind des Verkäufers

Der größte Feind des Verkäufers ist nicht die Konkurrenz, auch nicht der Preisdruck und schon gar nicht der Kunde. Der größte Feind steckt im eigenen Kopf: Es ist die (Verkaufs-)Angst. Es gibt wohl nichts, was mehr Umsatz und gute Kundenbeziehungen verhindert als die eigene Angst.

Die Ängste beginnen oft schon vor dem eigentlichen Verkaufsgespräch. Welche Ängste könnten das sein? Die wohl häufigsten sind die folgenden:

- Angst vor Ablehnung des Angebots,
- Angst vor fachlichen Fragen,
- Angst vor Preisverhandlungen,
- Angst vor fehlendem Interesse,
- Angst vor fehlender Sympathie und
- Angst, dass das Produkt nicht den Bedürfnissen des Kunden entspricht.

All diese Ängste könnte man als die Angst vor dem Nein zusammenfassen, und sie treten meist *vor* dem Verkaufsgespräch auf. Das heißt also, dass Verkäufer sich oft vor etwas fürchten, das es gar nicht oder zumindest noch nicht gibt. Wenn man das so betrachtet, ergeben diese Ängste plötzlich überhaupt keinen Sinn mehr!

Wie wird ein Nein des Kunden unwahrscheinlich?
Natürlich möchte jeder Verkäufer das Risiko, ein Nein zu kassieren, verringern. Folgende Tipps werden Ihnen dabei helfen:

- Machen Sie ein Top-Angebot, das verringert das Risiko der Ablehnung.
- Lernen Sie die Informationen zu Ihrem Produkt in- und auswendig, werden Sie zum Experten.
- Legen Sie sich eine Strategie für Preisverhandlungen zurecht, z. B. das unterste Limit.
- Versetzen Sie sich in die Lage Ihres Kunden: Würden Sie selbst das Produkt kaufen?
- Loben schafft Sympathie. Sie können jeden Menschen für etwas loben, und gegen Lob kann man sich nicht wehren.
- Stellen Sie viele Fragen, um den Bedürfnissen des Kunden so nahe wie möglich zu kommen.

Wenn Sie diese sechs Tipps umsetzen, wird die Angst vor dem Nein spürbar nachlassen, und wenn überhaupt, bleibt nur ein bisschen Nervenkitzel zurück, den Sie sowieso in jedem Verkaufsgespräch brauchen.

30 *Entscheidend für den Erfolg eines Verkaufsgesprächs ist das, was in Ihrem Kopf vorgeht. Welche Einstellung haben Sie? Es hilft, zu wissen, dass nicht jeder Kunde kauft. Überwinden Sie den größten Feind des Verkäufers: die eigenen Ängste.*

1.4 Kein Verkauf ohne Ziel

Die meisten Verkaufsgespräche werden „einfach so“ geführt, also ohne Vorbereitung und ohne Ziel. Nach dem Ziel gefragt, antworten viele Verkäufer: „Mal schauen, was sich ergibt.“
Das ist Gift für jedes Verkaufsgespräch! Ein solches Verkaufsgespräch gleicht einem Blindflug ohne Sicht und ohne Geräte. Auch wenn man ein Verkaufsgespräch nicht bis ins kleinste Detail durchplanen kann, hilft ein Ziel dabei, zumindest die richtige Richtung einzuschlagen.

Zielen Sie richtig

Sich für ein Verkaufsgespräch ein Ziel zu setzen, hat folgende Vorteile:

- Die Gesprächsführung ist bewusster auf das Ziel ausgerichtet.
- Man spart Zeit im Verkaufsgespräch.
- Ein Ziel hilft bei der Vorbereitung (Sie haben dann z. B. die richtigen Unterlagen dabei).
- Ein Ziel steigert die Motivation.
- Ungewöhnliche Ziele fördern die Kreativität, die hilft, diese auch zu erreichen.

Damit Sie Ihre Ziele auch erreichen, sollten die Ziele natürlich erreichbar sein. Aber Vorsicht, setzen Sie sich nicht zu kleine Ziele. Ob ein Ziel erreichbar ist, hat wenig mit der Größe des Ziels zu tun.

Um ein Ziel zu erreichen, brauchen Sie eine Strategie. Dazu legen Sie die Schritte fest, die Sie gehen müssen. Fragen Sie sich also: Wie erreiche ich dieses Ziel? (Das ist übrigens eine viel bessere Frage als: „Kann ich das Ziel erreichen?")

Was nun Ihre Ziele sein könnten und wie Sie schon vor dem Verkaufsgespräch darauf hinarbeiten können, darum soll es im Folgenden gehen.

Ziel 1: Möglichst viel verkaufen

Was für ein naheliegendes Ziel für einen Verkäufer! Tatsächlich stecken darin zwei Ziele:

1. zu verkaufen und
2. möglichst viel zu verkaufen.

Zum ersten Ziel muss nicht viel erklärt werden, denn dieses Ziel ist hoffentlich für jeden Verkäufer selbstverständlich. Trotzdem hilft es, sich hin und wieder ins Gedächtnis zu rufen, warum man dieses Gespräch gerade führt.

Das zweite Ziel ist schon schwieriger zu erreichen. Viele Verkäufer sind schon froh, überhaupt etwas zu verkaufen, und geben sich deshalb mit wenig zufrieden. Der Unterschied zwischen „etwas verkaufen" und „viel verkaufen" macht jedoch den Unterschied zwischen einem durchschnittlichen Verkäufer und einem Topverkäufer.

Eine größere Menge können Sie verkaufen, indem Sie:

- es sich zunächst einmal vorstellen können,

- das gesamte Potenzial eines Kunden ausschöpfen,
- mit Mindestabgabemengen arbeiten,
- Preisstrategien anwenden,
- es dem Kunden auch selbstbewusst sagen und
- auch in Unterlagen und Angeboten größere Mengen kommunizieren.

Ziel 2: Kundenbeziehung pflegen

Es gibt auch Verkaufsgespräche, die nur der Pflege der Kundenbeziehung dienen und gar nicht direkt auf einen Verkaufsabschluss abzielen. Solche Gespräche können Sie gut vorbereiten. So können Sie sich überlegen, ob Sie Ihrem Kunden etwas mitbringen. Erklären Sie sich zum Beispiel bereit, für Kekse zu sorgen, wenn Sie der Kunde zum Kaffee erwartet. Besser als Werbegeschenke sind kleine Geschenke, die zeigen, dass Sie den Ansprechpartner persönlich wertschätzen. Ein Golfer freut sich vielleicht über ein paar Golfbälle mit seinem Namen darauf. Je persönlicher und individueller, desto besser.

Ist Ihr Ziel im Gespräch die Pflege der Kundenbeziehung, dann kommen Sie nicht ohne die in Kapitel 1.1 beschriebenen Informationen über den Kunden aus. Zugleich dienen solche Gespräche natürlich auch der Informationsgewinnung. Je mehr Sie über den Kunden wissen, desto besser können Sie auf ihn eingehen.

Vielleicht können Sie schon ein speziell auf den Kunden zugeschnittenes Angebot vorbereiten. Das zeigt, dass Sie sich Gedanken über den Kunden und seine Wünsche gemacht haben.

Damit das nächste Gespräch nicht langweilig wird, überlegen Sie sich fürs nächste Mal etwas Neues. Gibt es ein neues Produkt? Gibt es etwas Neues in der Firma? Oder haben Sie vielleicht persönliche Neuigkeiten? Ihnen sollte niemals der Gesprächsstoff ausgehen, auch wenn die Kundenbeziehung schon lang andauert.

Ziel 3: Preise und Konditionen anpassen

Die Botschaft, dass die Preise gefallen sind, lässt sich wahrscheinlich leicht verkaufen. Eine Preiserhöhung oder eine Straffung von Konditionen ist da schon schwieriger zu vermitteln. Es gehört aber zum Alltag eines Verkäufers, genau solche Gespräche zu führen – und natürlich redet der Verkäufer dann lieber über den letzten Urlaub als über die Preiserhöhung.

Eine Preiserhöhung können Sie allerdings auch als etwas Positives vermitteln. Dazu müssen Sie sich aber vorbereiten. Die Vorteile einer Preiserhöhung für den Kunden können zum Beispiel sein:

- Sie investieren mehr Geld in die Entwicklung noch besserer Produkte.
- Die Lieferfähigkeit wird verbessert.
- Sie investieren mehr Geld für zusätzliche Services.
- Mit dem Preis steigt auch die Qualität.

Wenn Sie also vorhaben, Preise und Konditionen anzupassen, sollten Sie sich die richtigen Argumente schon im Vorfeld zurechtlegen.

Ziel 4: Informationen sammeln

Dieses Ziel geht häufig einher mit dem Ziel, die Kundenbeziehung zu pflegen. Tatsächlich ist ein solches Gespräch sehr wertvoll für den Verkäufer und das Unternehmen, für das er arbeitet.

Das Ziel des Gesprächs besteht in diesem Fall darin, möglichst viele Informationen zu sammeln, die die Kundenbeziehung verbessern oder auch die Erträge des Verkäufers steigern können. Häufig nutzen Verkäufer solche Gespräche auch dazu, etwas über die Wettbewerber in Erfahrung zu bringen, um die Marktsituation besser einschätzen zu können.

Es geht darum, herauszubekommen, wie man diesem Kunden noch mehr und noch besseren Nutzen bieten kann. Wie kommen Sie als Verkäufer an diese Informationen? Natürlich durch Fragen! Planen Sie also ein solches Gespräch und achten Sie dabei darauf, dass Sie eine ganze Menge Fragen parat haben.

Fragen Sie doch an dieser Stelle, für wen Ihr Produkt noch interessant sein könnte. So wird Ihr Kunde zum aktiven Empfehlungsgeber. Versuchen Sie außerdem in einem solchen Gespräch die Kaufmotive des Kunden herauszufinden. Dann können Sie im nächsten Verkaufsgespräch genau auf diese Motive hinarbeiten.

Die „Magie" eines Ziels

Häufig wird das Wort „Ziel" in Verbindung gebracht mit dem Wort „Erfolg". Jeder kennt Gemeinplätze wie: „Wenn Sie Erfolg haben wollen, müssen Sie ein Ziel haben!"

Grundsätzlich hört sich das gut an, aber so einfach ist das nicht. Im Setzen von Zielen sind die meisten Menschen wahre Weltmeister, nur bei der Zielerreichung hapert es.
Für unser Verkaufsgespräch heißt das, dass es nicht reicht, sich den erfolgreichen Verlauf und den Abschluss zu wünschen. Ein Ziel ist jedoch der Anfang. Denn nur wenn Sie sich den Abschluss oder den Gesprächsverlauf vorstellen können, halten Sie den Erfolg überhaupt für möglich. Ihr Unterbewusstsein folgt Ihrer Vorstellung und die Abschlusschance steigt.
Sie müssen allerdings aktiv etwas dafür tun. Es reicht nicht, das Ziel zu haben, ein gutes Verkaufsgespräch zu führen, sondern Sie müssen genau planen und überlegen, was Sie schon in der Vorbereitung dafür tun können. Haben Sie sich zum Beispiel schon einmal mit den Standardeinwänden Ihrer Kunden eingehend beschäftigt? (Meistens sind es nur eine Handvoll.) Es tut dem Verkaufsgespräch auch gut, wenn Sie einmal darüber nachdenken, was sich der Kunde wünscht oder was Ihr Ziel für die Kundenbeziehung bedeutet.
Nutzen Sie also unbedingt die Chance, sich ausgiebig auf ein Verkaufsgespräch vorzubereiten – dann kann ein Ziel tatsächlich auf fast magische Weise zum Erfolg führen.

Wie bereiten Sie sich optimal vor?
Folgende Fragen sollten Sie sich vor dem Verkaufsgespräch stellen:

- Warum braucht der Kunde gerade mein Produkt?
- Warum soll er es gerade von mir kaufen?
- Welche Nachteile hat der Kunde, wenn er mein Produkt nicht kauft?
- Was ist das größte Hindernis für den Kunden, mein Produkt zu kaufen?
- Welches Gefühl soll der Kunde mit dem Kauf meines Produktes verbinden?

Wenn Sie diese Fragen schon vor dem eigentlichen Verkaufsgespräch beantworten können, sind Sie optimal vorbereitet und haben den meisten Verkäufern einiges voraus.

Damit Sie entspannt in ein Verkaufsgespräch gehen können, bereiten Sie sich wie folgt vor:

- ***Bringen Sie möglichst viel über Ihren Kunden und Ihren Zielmarkt in Erfahrung. Nutzen Sie dabei auch das Internet und soziale Netzwerke.***
- ***Verlieben Sie sich regelrecht in Ihr Produkt und lernen Sie es umfassend kennen.***
- ***Fragen Sie sich vor allem, was der Nutzen Ihres Produktes für Ihren Kunden ist.***
- ***Achten Sie darauf, mit welchen Gedanken Sie in das Gespräch gehen, und überwinden Sie Ängste.***
- ***Seien Sie sich über Ihr Gesprächsziel im Klaren, und machen Sie entsprechend Ihren Zielen Ihre Hausaufgaben.***

30 MINUTEN

Was können Sie statt Small Talk tun?

Seite 36

Wie können kleine Worte große Wirkung erzeugen?

Seite 44

Wie können Sie mit Geschichten verkaufen?

Seite 61

2. Das Verkaufsgespräch

Wir kommen nun zum Kern der sagenumwobenen Blackbox des Verkaufs, zum eigentlichen Verkaufsgespräch. In dem Wort „Verkaufsgespräch“ steckt bereits der Schlüssel, der zu einem erfolgreichen Abschluss führt: die Sprache. Sie ist das wichtigste und wirksamste Werkzeug eines jeden Verkäufers.

Wie immer bei Werkzeugen lohnt es sich, wirklich gutes Werkzeug zu haben, es zu pflegen und vor allem den Umgang damit zu üben. Bei einem Werkzeug geht es nicht nur darum, zu wissen, dass es dieses gibt. Es reicht auch nicht, nur zu wissen, wie es funktioniert. Entscheidend ist vielmehr, den Gebrauch dieses Werkzeugs zu üben und ständig zu verbessern.

Gute Verkäufer verkaufen sozusagen „aus dem Bauch heraus“. Das geht aber nur, weil sie das Verkaufsgespräch verinnerlicht haben. Feilen Sie deshalb an Ihrem Verkaufsgespräch und üben Sie es, so oft es geht.

2.1 Small Talk bringt nichts

Small Talk gilt gemeinhin als das Mittel der Wahl für die Aufwärmphase im Verkaufsgespräch. In Wirklichkeit gibt es aber gar keine Aufwärmphase im Verkaufsgespräch. Denn wenn das Verkaufsgespräch begonnen hat, ist der Vorhang oben und Sie müssen von diesem Zeitpunkt an absolute Hochleistung bringen.

Kommen Sie zum Punkt

Ob bei telefonischen Verkaufsgesprächen oder beim Verkaufsgespräch von Angesicht zu Angesicht, Kunden geben einem meist gleich zu Anfang zu verstehen, was sie am wenigsten haben: Zeit.

Der Kunde möchte so schnell wie möglich wissen, worum es geht. Viele Verkäufer machen genau an dieser Stelle den entscheidenden Fehler, erst mal um den heißen Brei herumzureden.

Natürlich wollen Sie nicht mit der Tür ins Haus fallen. Allerdings wollen Sie verkaufen, und wenn Sie das wirklich wollen, hat der Kunde auch das Recht, das zu erfahren, und er möchte natürlich auch wissen, was Sie verkaufen.

Einstieg weckt Neugier

Der Anfang eines Verkaufsgesprächs ist wie ein zartes Pflänzchen, und natürlich soll aus dieser zarten Pflanze ein ordentlicher Abschluss werden.

Themen, die den Kunden nicht interessieren, verleiten

ihn dazu, das Gespräch möglichst kurz zu halten. Der beste Einstieg ist daher kein belangloser Small Talk, sondern ein Einstieg, der die Neugier weckt.
Wenn Sie, statt Small Talk zu führen, gleich am Anfang des Verkaufsgesprächs eine starke Neugier erzeugen können, ist das schon die halbe Miete.

Was weckt die Neugier?
Was könnte so schnell wie möglich das Interesse des Kunden auf sich ziehen? Hier sind zehn Möglichkeiten:

- eine neue Lösung für ein Kundenproblem,
- eine Möglichkeit, Kosten zu sparen,
- ein kostenloser Test oder eine Probe,
- ein Wettbewerbsvorteil,
- eine gute Frage nach einem Kundenbedürfnis,
- eine neue Art der Präsentation (z. B. ein Film),
- eine Referenz in der Branche des Kunden,
- eine Möglichkeit, Zeit zu sparen,
- eine Möglichkeit, den Status zu erhöhen,
- ein echtes Alleinstellungsmerkmal.

Jede einzelne dieser zehn Möglichkeiten birgt ein enormes Verkaufspotenzial.

Der Funke muss überspringen

Betrachten Sie den Anfang eines Verkaufsgesprächs nicht nur unter rein sachlichen und inhaltlichen Gesichtspunkten. Ein Verkaufsgespräch hat dann einen guten Anfang, wenn zwei Dinge zusammenkommen:

1. Sie wecken Neugier.
2. Sie erzeugen Sympathie.

Beides spielt sich überwiegend auf der emotionalen Ebene ab. Wenn wir uns also über das Verkaufsgespräch Gedanken machen, geht es nicht nur um die richtigen Worte, sondern vor allem darum, wie Sprache und wie bestimmte Wörter wirken. Außer mit Ihren Worten überzeugen Sie im Gespräch auch mit nonverbaler Kommunikation, also unter anderem mit Gestik und Mimik.

Sie müssen das Richtige sagen und es vor allem richtig sagen, dann entsteht Sympathie. Ohne Sympathie sind Sie nur ein Katalog, der sprechen kann, oder eine wandelnde Preisliste.

So wirken Sie sympathisch

Sympathie hat nichts mit „Einschleimen" zu tun oder damit, alles so zu tun, wie der Kunde es will. Das Wort „Sympathie" kommt von dem griechischen Wort „sympátheia" und heißt so viel wie „Mitgefühl". Können Sie mit Ihrem Kunden mitfühlen? Haben Sie auch Antennen dafür, wie der jeweilige Kunde behandelt werden möchte?

Ein guter Verkäufer kann sich gefühlsmäßig in den Kunden versetzen. Dazu müssen Sie sich nicht verbiegen. Sie müssen einfach nur auf Empfang schalten, statt wie viele Verkäufer nur zu senden.

Wenn der Kunde das Gefühl bekommt: *„Wow, der versteht mich ja!"*, dann haben Sie alles richtig gemacht, dann sind Sie dem Kunden sympathisch.

Wie wirken Sie sympathisch?
Damit Sie sympathisch wirken, können Sie Folgendes tun:

- Seien Sie stets freundlich, und zeigen Sie das auch in Ihrem Gesichtsausdruck.
- Nutzen Sie Humor, aber spielen Sie nicht den Clown.
- Fragen Sie, statt zu diktieren.
- Entschuldigen Sie sich immer, wenn Sie einen Fehler gemacht haben.
- Zeigen Sie Verständnis, und sagen Sie ruhig auch einmal: *„Ich verstehe Sie."*
- Fragen Sie sich selbst immer wieder: *„Würde ich von jemandem wie mir kaufen?"*
- Geben Sie auch mal nach.
- Seien Sie ehrlich zum Kunden.
- Gehen Sie in Vorleistung und überlegen Sie, was Sie dem Kunden Gutes tun können, bevor Sie verkaufen.
- Fragen Sie den Kunden nach dem Gespräch, was Sie noch besser machen können.
- Nehmen Sie sich selbst nicht so wichtig.

Viel sagen mit Pausen

Was stört Kunden am meisten an Verkäufern? Die Antwort ist, dass Verkäufer häufig zu viel reden.
Man sollte sich auch darüber im Klaren sein, dass die Einschätzung „Der kann gut reden" sich nicht unbedingt auf die Menge der Worte bezieht, sondern vielmehr darauf, dass jemand gekonnt mit Worten umgehen kann. Es ist ähnlich wie in der Musik: Worte werden erst zu schönen Sätzen durch Pausen!

Am wichtigsten sind die Pausen bei Telefongesprächen, denn dabei sehen Sie die Reaktion Ihres Gegenübers nicht und können deshalb auch nicht erkennen, ob Ihr Gesprächspartner noch interessiert ist oder schon gedanklich abschweift.
Statt also gleich am Anfang in die Vollen zu gehen und dem Kunden quasi eine Predigt zu halten, sollten Sie unbedingt eine Reaktion des Kunden herausfordern. Ein Verkaufsgespräch sollte immer von beiden, vom Verkäufer und vom Kunden, geführt werden.

Je mehr Sie den Kunden ins Gespräch einbeziehen, desto leichter ist es, seine Zustimmung zu erhalten und ihn zu überzeugen.

Wenn Sie zum Beispiel nach der Begrüßung eine kurze Pause machen, geben Sie dem Kunden die Möglichkeit, Sie ins Gespräch „einzuladen". Wenn der Kunde dann fragt: *„Was genau möchten Sie mir anbieten?"*, haben Sie sozusagen die Erlaubnis, weiterzusprechen. Das macht Sie gleich viel sympathischer. Außerdem gewinnen Sie durch Pausen auch selbst immer wieder Zeit, um nachzudenken.

Die Sie-Position

Worüber reden Verkäufer neben ihrem Produkt am liebsten? Natürlich über sich selbst! Zwar ist ein gewisses Maß an Selbstbewusstsein und Selbstwertgefühl im Verkauf absolut notwendig, wer allerdings nur über sich selbst redet, törnt den Kunden eher ab. Im Verkaufsgespräch gilt das Gleiche übrigens auch für das Wort „wir“: „Wir können ...“, „Wir haben ...“ und „Wir sind ...“ sind Phrasen, die beim Kunden nicht so gut ankommen. Das sollten Sie auch im Marketing und in der übrigen Kommunikation mit Ihrem Kunden beachten.

Wie schon mehrfach erwähnt, möchte der Kunde wenn überhaupt eine Lösung kaufen. Er möchte also weder Sie noch Ihre Firma kaufen. Statt der Wörter „ich“ und „wir“ sollten Sie deshalb, so häufig es geht, auch sprachlich die Sie-Position einnehmen. Sagen Sie beispielsweise statt *„Ich möchte Ihnen dieses Produkt anbieten“* einfach *„Dieses Produkt ist wie für Sie gemacht“*.

Wenn Sie während des Gesprächs doch ein „ich“ benötigen, dann drehen Sie den Satz einfach um: Aus *„Ich habe Ihnen mal ein Angebot ausgearbeitet“* wird dann *„Sie bekommen heute das passende Angebot von mir“*. So setzen Sie das „Sie“ an die erste Stelle im Satz, dadurch fühlt sich der Kunde eher angesprochen.

Tipp!

Eine Gelegenheit, um schon am Anfang des Verkaufsgesprächs auf humorvolle Art zur Sie-Position zu wechseln, bietet Ihnen die Kunden-Frage: *„Was wollen Sie mir denn anbieten?“* Antworten Sie einfach mit der Gegenfrage: *„Was, lieber Kunde, brauchen Sie denn?“* Das passt nicht immer, aber häufig.

Anders verkauft

In manchen Branchen bekommen Kunden täglich oder sogar mehrmals am Tag Besuch von sogenannten Vertretern oder Anrufe von Verkäufern. Manche Verkäufer scheinen offenbar zu glauben, sie seien die einzigen Verkäufer auf dem Planeten und der Kunde würde grundsätzlich gerade auf sie warten.

In Wirklichkeit sind nicht nur Produkte, sondern auch Verkäufer austauschbar. Für manch einen Einkäufer wird es fast zur Qual, die immer wieder gleichen Verkäufer, die immer wieder gleichen Floskeln und die gleichen Argumente ertragen zu müssen.

Der Kunde wird heute mit Informationen und Kaufmöglichkeiten regelrecht zugeschüttet. Neben den Verkäufern aus Fleisch und Blut prasseln täglich Tausende Werbebotschaften auf ihn ein. Bei dieser Menge werden die meisten Botschaften gar nicht mehr bewusst wahrgenommen.

Aus Sicht des Kunden gleicht da ein Verkäufer dem anderen und wahrgenommen wird nur noch der, der anders ist, anders aus der Perspektive des Kunden. Natürlich behauptet jeder Verkäufer, besser zu sein, das bessere Angebot zu haben und preislich interessanter zu sein. Aber mal Hand aufs Herz: Ist Ihr Angebot so viel besser als das des Mitbewerbers? Meistens ist das nicht der Fall. Wie sagt man so schön: „Alle kochen nur mit Wasser."

Es gibt zwei Kategorien, in denen Sie anders sein können:

1. Sie können beim Angebot anders sein.
2. Sie können als Person anders sein.

Wie in der Werbung, so sind auch im Verkauf originelle Ideen gefragt. Wie können Sie Ihr Produkt anders machen oder wenigstens anders darstellen? Manchmal reicht schon eine andere Art der Verpackung oder eine andere Farbe. Sie können aber Ihr Produkt auch einer ganz neuen Zielgruppe anbieten, für die es dann eine Neuheit ist.
Als Person können Sie allerdings am meisten punkten. Fragen Sie sich, wie Sie den Kunden dazu bringen können, zu denken: *„Der ist aber anders!"*, und zwar im Sinne von „angenehmer" und „besser".
Bringen Sie Farbe ins Verkaufsgespräch und lassen Sie es zu einem angenehmen Erlebnis für den Kunden werden. Humor lockert beispielsweise ein Gespräch auf.
Auch wenn in jedem Verkaufsgespräch, wie auch in Angeboten und sonstigen Anschreiben, die Form gewahrt bleiben soll, muss dies ja nicht die Form von gestern sein. Viele Verkäufer denken zum Beispiel, sie müssten unbedingt die Firma in allen Facetten vorstellen. Wie langweilig! Statt die Firma vorzustellen, kommen Sie doch gleich zum Punkt. Das ist vielleicht anders, aber durchaus angenehm für den Kunden.
Vielleicht können Sie auch eine andere, nicht zu förmliche Begrüßungsformel wählen. Viele Verkäufer übergeben außerdem zunächst ein Prospekt oder eine Visitenkarte. Warum? Das lenkt doch nur vom Verkaufsge-

spräch ab, und noch dazu sehen die meisten Visitenkarten gleich aus und sind dadurch todlangweilig.
Zu einer Persönlichkeit, die anders ist, gehört natürlich auch die entsprechende Kleidung. Achten Sie aber darauf, weder schlampig noch übertrieben gestylt aufzutreten. Als Faustregel gilt: Seien Sie immer ein bisschen besser gekleidet als Ihr Kunde.

Tipp!
Sie können auch anders sein, indem Sie kleine Geschenke mitbringen. Hier ist natürlich nicht von Bestechung die Rede, sondern es geht um kleine Aufmerksamkeiten. Das macht heute kaum noch ein Verkäufer – und daher ist es anders.

30 *Seien Sie auf angenehme Art anders beim Einstieg ins Verkaufsgespräch. Lassen Sie den Small Talk weg, wecken Sie stattdessen die Neugier des Kunden. Reden Sie nicht zu viel und sprechen Sie in der Sie-Form, nehmen Sie also die Perspektive des Kunden ein. Dadurch wirken Sie sympathischer.*

2.2 Worte, die wirken

Ein einziges Wort kann eine große Wirkung haben. Denken Sie nur daran, was ein Ja eines Kunden bei Ihnen bewirkt! Häufig machen wir uns aber über die

Wirkung unserer Worte wenig Gedanken, sondern wählen sie eher intuitiv. Ein gutes Verkaufsgespräch ist jedoch vor allem eine Frage der richtigen Worte, weshalb dieses Kapitel für Sie als Verkäufer besonders wichtig ist.

Nein – das Lieblingswort vieler Kunden

Das Wort, das Verkäufer in Kundengesprächen wohl am häufigsten hören, ist wahrscheinlich das kleine Wörtchen Nein. Eigentlich ist es auch gar nicht so schlimm, denn mehr Jas als Neins zum Angebot zu hören, wäre mehr als ungewöhnlich. Ein guter Verkäufer lässt sich von einem Nein nicht beeindrucken.

Machen Sie sich bewusst: Ein Nein ist nicht unbedingt das Ende des Verkaufsgesprächs. Der erste Tipp wäre daher: weitermachen. Ein Nein ist entweder ein Einwand oder ein Vorwand. Mit dem Vorwand verschweigt der Kunde den wahren Grund für seine Ablehnung. Meistens ist ein Nein aber verbunden mit einem Einwand.

Das Wort Nein ist natürlich sehr kraftvoll, da es einen Willen ausdrückt, eine feste Position. Auch Sie als Verkäufer sollten dieses wirksame Wort hin und wieder verwenden, zum Beispiel wenn es um die Frage des Rabatts geht. Allein durch das Wort Nein, aus dem Munde eines Verkäufers und mit Überzeugung ausgesprochen, können die Gewinnmargen beträchtlich gesteigert werden.

Mit den Worten „Könnten Sie vielleicht ..." fangen viele Kundenwünsche an. Müssen Sie alle Wünsche erfüllen?

Nein. Ein Nein zu einem unpassenden Kundenwunsch bedeutet nämlich auch nicht das Ende des Verkaufsgesprächs.

Einwandverwandlung

Häufig wird das Antworten auf Kundeneinwände als Einwandbehandlung bezeichnet. Das klingt beinahe so, als müsse man Einwände wie eine Krankheit behandeln. Dabei sind Einwände weder ansteckend noch schlecht, im Gegenteil, Einwände halten das Verkaufsgespräch am Laufen.

Mit einem Einwand sagt der Kunde nichts weiter als: *„Ich habe da noch eine Frage, und wenn Sie mir die gut beantworten können, kaufe ich."* Ein Einwand ist nichts anderes als ein Kaufsignal. Wenn der Kunde zum Beispiel fragt: *„Warum kostet das so viel?"*, ist das ein Kaufsignal. Denken Sie sich dazu einfach noch den Satz: *„Wenn Sie dafür eine gute Erklärung haben, dann kaufe ich gern."*

Verkäufer sollten sich also auf jeden Fall freuen, wenn ein Einwand kommt. Verkaufsgespräche ohne Einwände sind übrigens keine richtigen Verkaufsgespräche, sondern nur eine Alibikonversation.

Eines sollte Ihnen aber klar sein: Nicht jeder Kunde spricht jeden Einwand offen aus. Entwickeln Sie daher auch ein Gespür für die unausgesprochenen Einwände. Diese lernen Sie durch Erfahrung und durch Fragen kennen. Sind Sie zum Beispiel in einer bestimmten Branche unterwegs, sind die Einwände wahrscheinlich ähnlich. Wenn diese Einwände dann unausgesprochen bleiben, können Sie sie selbst thematisieren, zum Beispiel mit den Worten: *„Sie werden sich jetzt wahrscheinlich fragen ..."* oder *„An dieser Stelle fragen viele meiner Kunden ..."*.

Elf Regeln zur erfolgreichen Einwandverwandlung:
1. Beantworten/Behandeln Sie Einwände schnell.
2. Einwände sind etwas Positives.
3. Behalten Sie das Zepter in der Hand (nach dem behandelten Einwand z. B. Abschlussfrage stellen).
4. Kommen Sie Einwänden durch eine gute Präsentation des Produkts zuvor.
5. Vermeiden Sie veraltete Verteidigungstechniken wie „Wir sind halt der Mercedes der ..." oder „Bei uns bekommen Sie Qualität".
6. Kein Aber! Aber ist negativ und wird normalerweise nicht gebraucht.
7. Vermeiden Sie Streitgespräche.
8. Loben Sie viel, gegen Lob kann sich keiner wehren.
9. Sprechen Sie mit Kollegen und lernen Sie von ihnen.
10. Respektieren Sie die Meinung Ihres Kunden.
11. Üben Sie Ihre Reaktionen auf alle möglichen Einwände, sooft es geht.

Übung „Die Einwand-Liste"

Schreiben Sie alle möglichen Einwände Ihrer Kunden auf ein Blatt Papier. Strengen Sie sich an, damit Ihnen möglichst alle Einwände einfallen.

Wie viele haben Sie gefunden? 50? 30? ... Wie, es sind weniger? Das ist normal, denn in Wirklichkeit gibt es meist nicht viel mehr als eine Handvoll Einwände.
Das Thema Einwandbehandlung wird meist erheblich überbewertet. Wenn es aber nur eine überschaubare Anzahl an Einwänden gibt, lohnt es sich umso mehr, sich einmal die Zeit zu nehmen, um sich zu diesen Einwänden Gedanken zu machen.
Schreiben Sie sich einfach hinter jeden Einwand Ihre Möglichkeiten zur Einwandverwandlung. Praktisch ist es, wenn Sie sich dazu eine Tabelle in einer Computerdatei anlegen, denn diese können Sie dann beliebig erweitern und abändern. Diese Liste bildet den Kern Ihrer zukünftigen Einwandverwandlungen. Schauen Sie sich die Liste so oft wie möglich an und üben Sie.
Wenn der Einwand im Verkaufsgespräch kommt, haben Sie keine Zeit mehr, darüber nachzudenken. Dann muss Ihre Antwort wie aus der Pistole geschossen kommen. Das Geheimnis der erfolgreichen Einwandverwandlung heißt: Übung.
Besonders viel Spaß macht es übrigens, das Verwandeln von Einwänden zusammen mit anderen zu üben, mit Kollegen oder Vorgesetzten. Schreiben Sie dazu beispielsweise die gängigsten Einwände auf Karten. Diese können Sie dann reihum vorlesen und jeweils möglichst schnell und spontan darauf antworten. So entstehen immer wieder neue Ideen.
Sie werden dabei feststellen, dass es zu vielen Einwänden mehr als eine richtige Antwort oder Methode gibt.

Wie Sie einen Einwand verwandeln, hängt von folgenden Faktoren ab:

- wie viel Humor Ihr Gegenüber verträgt,
- wie oft diese Methode verwendet wird (immer die gleiche Antwort auf einen Einwand zu hören, wird irgendwann langweilig),
- wie ernst der Einwand gemeint ist,
- ob es vielleicht nur ein Vorwand ist,
- wie wichtig dieser Einwand für die Kaufentscheidung ist,
- wie gut die Methode bisher funktioniert hat.

Mit diesem Wissen sollten Sie nun in der Lage sein, sich eigene Sätze für die Einwandverwandlung zu „basteln“. Denn es kommt nicht so sehr darauf an, immer neue Sätze auswendig zu lernen. Wichtig ist, dass Sie sich mit den Sätzen wohl- und sicher fühlen. Sie müssen auch das Gefühl haben, dass es Ihre Sätze sind. Verkäufer sind keine Kopien, sondern Originale!

Die Macht des Wortes „aber“

Welche Wirkung hat der Satz: *„Ich finde, Sie sind ein toller Verkäufer, aber ...“*? Egal, wie der Satz weitergeht, allein durch das kleine Wörtchen „aber“ wirkt er schon negativ.

Was wird der Kunde wohl denken, wenn Sie folgenden Satz zu ihm sagen: *„Sie kennen sich ja sehr gut aus, aber ...“?* Auch hier kommen Ihrem Gegenüber eher negative Gedanken in den Sinn.

Folgende Formel fasst die Wirkung des Wortes „aber" zusammen:

A1 + ABER + A2 = -A1 = ++A2

Wenn man also zwischen einer Aussage (A1) und einer anderen Aussage (A2) ein „aber" setzt, wird die erste Aussage neutralisiert oder sogar in ihr Gegenteil verkehrt (-A1), während die Wirkung der zweiten Aussage dagegen deutlich verstärkt wird (++A2).

Sagt ein Kunde: *„Ich finde, Sie sind ein toller Verkäufer, aber das nächste Mal kommen Sie bitte pünktlich"*, dann kommt bei Ihnen etwas ganz anderes an – und nicht nur das, es ist auch etwas anderes gemeint, und zwar ungefähr Folgendes: *„Ich finde, Sie sind ein toller Verkäufer, aber das sage ich jetzt nur, um nett zu sein. In Wirklichkeit sind Sie kein toller Verkäufer, denn Sie kommen ja zu spät. Mir ist Pünktlichkeit wichtig. Kommen Sie deshalb in Zukunft bitte pünktlich."* Durch das Wort „aber" erhält der Satz also eine ganz andere Bedeutung. Die Aussage vor dem „aber" ist gar nicht so gemeint, und was dem Kunden eigentlich viel wichtiger ist, kommt nach dem „aber".

Genauso verhält es sich mit diesem Satz, den ein Verkäufer aussprechen könnte: *„Sie kennen sich ja sehr gut aus, aber als Fachberater habe ich einfach die größere Erfahrung."* Auch hier kommt beim Gegenüber, in diesem Fall beim Kunden, etwas ganz anderes an, und im Grunde hat es der Verkäufer auch anders gemeint, nämlich so: *„Sie kennen sich ja sehr gut aus, aber das sage ich nur so. In Wirklichkeit habe ich als Fachberater einfach mehr Erfahrung und kenne mich natürlich besser aus als Sie."* Auch hier ist die Aussage vor dem „aber" nicht wirklich ernst gemeint, und der zweite Teil des Satzes wird in seiner Wirkung verstärkt.

Spricht man Verkäufer jedoch auf solche „aber"-Sätze an, leugnen sie meistens, dass der erste Teil des Satzes nur ein Versuch war, die eigentliche Aussage aus Höflichkeit zu verstecken. Doch wie wirkt eine solche versteckte Botschaft? Unser Gegenüber versteht vor allem das, was wir wirklich denken, nicht das, was wir sagen.

Das Wort „aber" kann in einem Verkaufsgespräch auch als erstes Wort in einer Antwort zum Einsatz kommen. Der Kunde sagt zum Beispiel: *„Ich glaube nicht, dass Ihr Produkt besser ist als alle anderen, die ich bisher hatte."* Der Verkäufer antwortet nun: *„Aber ich habe Ihnen doch gezeigt, wie viele unserer Kunden bereits zufrieden sind mit diesem Produkt."* Was wird der Kunde Ihrer Meinung nach in diesem Fall denken? Wie wirkt hier das Wort „aber" am Anfang der Antwort?

So ähnlich wie beim „aber" mitten im Satz zwischen zwei Aussagen wird auch hier das zuvor Gesagte umgekehrt oder zumindest neutralisiert. In diesem Fall bezieht sich das auf die Aussage des Kunden. Der Verkäufer drückt damit aus, dass er dem Kunden nicht glaubt, und sagt ihm auf diese Art, dass er Unrecht hat. Das mag durchaus zutreffen, doch wenn Sie das als Verkäufer durch ein solches „aber" durchblicken lassen, fühlt

sich der Kunde zumindest nicht ernst genommen und schlimmstenfalls sogar herablassend behandelt.
Sie können übrigens auch den umgekehrten Fall in einem Verkaufsgespräch erleben. Sie geben ein Statement ab, zum Beispiel: *„Mit unserem Produkt werden Sie keine Probleme haben."* Der Kunde antwortet: *„Aber das hat mir der letzte Verkäufer auch gesagt."* Was verrät Ihnen dieser Satz über die Meinung des Kunden? Er glaubt Ihrer Aussage schlichtweg nicht. Wenn Sie das ignorieren, haben Sie als Verkäufer natürlich ein Problem. Wie wollen Sie Vertrauen aufbauen, wenn der Kunde Ihnen nicht glaubt? Vertrauen ist schließlich eine der Grundvorausetzungen im Verkauf.
Das „aber" kann auch eine Frage einleiten. Der Verkäufer sagt: *„Das ist das beste Produkt auf dem Markt."* Der Kunde entgegnet: *„Aber warum soll ich Ihnen das glauben?"* Dies drückt nicht nur aus, dass der Kunde Ihre Aussage anzweifelt, sondern der Zweifel wird durch die Frageform auch noch verstärkt.
Ist das Wort „aber" im Verkaufsgespräch also generell tabu? Nein, es gar nicht zu nutzen, wäre sogar schade, hat es doch eine so starke Wirkung. Sie müssen sich dieser Wirkung allerdings bewusst sein. Es gibt Situationen im Verkaufsgespräch, in denen Sie dem Kunden widersprechen oder ihm eine durch ein „aber" höflich verpackte Botschaft mitteilen wollen. Wir sind es gewohnt, in unserer Kommunikation Dinge auch mal durch die Blume zu sagen, schließlich wollen wir freundlich wirken.

Wollen Sie allerdings Ihren Kunden loben, ist es eher unangebracht, ein „aber“ an den Satz zu hängen. Denn für Lob gilt, dass nur echtes Lob wirkt. Mit „aber“ machen Sie Ihr Lob nur kaputt.
Bewusst eingesetzt ist das Wort „aber“ zum Beispiel geeignet, um über Wettbewerber zu sprechen. Natürlich sagt man über die Konkurrenz nichts Schlechtes, das gehört sich einfach nicht, aber Sie haben auch nichts zu verschenken. (Haben Sie bemerkt, welches Wort in diesem Satz verwendet wird?) Sie sollen ja schließlich keine Werbung für den Wettbewerber, sondern für Ihr Produkt machen.
Es bietet sich also an, in diesem Fall im Gespräch mit Ihrem Kunden ein Lob, das Sie nicht so meinen, in einen „aber“-Satz zu packen. Der Satz geht dann in etwa so: „Ja, die Firma XY hat wirklich hervorragende Produkte, aber ich möchte Ihnen auch gern einmal dieses Produkt unserer Firma vorstellen.“ Sie haben hier den Wettbewerb gelobt, aber das Lob offensichtlich nicht ernst gemeint. (Haben Sie bemerkt, welches Wort in diesem Satz verwendet wird?)
Das können Sie auch mit einzelnen Produktvorteilen der Konkurrenz machen, indem Sie beispielsweise sagen: *„Die haben einen geringeren Verbrauch, aber die Wartungskosten sind erheblich höher.“* Damit wird der Produktvorteil des Wettbewerbers mindestens irrelevant.
Übrigens kann sich das Wort „aber“ auch gut „tarnen“. Häufig verwenden wir andere Wörter, die aber das Gleiche ausdrücken. Zu diesen Wörtern zählen:

- jedoch,
- allerdings,
- dagegen,
- dennoch,
- gleichwohl und
- doch.

Eigentlich meine ich es anders

Genau wie das Wort „aber“ hat das Wort „eigentlich“ eine Wirkung, die uns selten bewusst ist. Benutzt man „eigentlich“ in Verbindung mit „aber“, wird diese Wirkung sogar noch verstärkt.

Mit „eigentlich“ wird deutlich, dass wir das Gegenteil von dem meinen, was wir sagen. Manchmal wollen wir das vielleicht ganz bewusst zum Ausdruck bringen.

In Preisverhandlungen kommt „eigentlich“ oft zum Einsatz. Der Verkäufer sagt zum Beispiel: *„Eigentlich gibt es keinen Rabatt.“* Damit drückt er aus, dass es durchaus einen Rabatt gibt, und der kluge Kunde fragt an dieser Stelle natürlich nach, nach dem Motto: „Da geht noch was.“

Wenn der Kunde wiederum auf die Frage des Verkäufers: *„Wie viel möchten Sie denn dafür ausgeben?“*, mit *„Eigentlich nur 100 Euro“* antwortet, dann ist auf jeden Fall ein höherer Verkaufspreis drin.

Auch wenn der Kunde den Verkäufer um einen Gefallen bittet und dieser mit den Worten *„Eigentlich geht das nicht“* antwortet, gibt es mit Sicherheit eine Möglichkeit für den Kunden, diesen Wunsch doch erfüllt zu bekommen. Denn es gilt: Was eigentlich nicht geht, geht eigentlich doch.

Leere Worte als Verkaufsbremse

Neben Worten, die etwas anderes als den Wortsinn ausdrücken, gibt es noch solche, die gar nichts aussagen. Sie sind hohl und für das Übermitteln von Informationen im Verkaufsgespräch wertlos. Die Rede ist von Worthülsen, Nebelbomben und Phrasen. Hier ein Beispiel:
„Die Qualität unserer Produkte ist im Markt überdurchschnittlich. Mit Innovationen und Forschung treiben wir Neuentwicklungen voran. Rückmeldungen aus dem Markt geben uns die Bestätigung für die Hochwertigkeit unserer Produkte. Die Ausbildung unserer Mitarbeiter erfüllt höchste Standards. Die Entwicklung der letzten Jahre hat uns gezeigt, dass wir eine Vorreiterstellung in unserer Branche haben. Unsere Firma ist ein Synonym für Exzellenz. Die Strahlkraft der Marke hat eine Wirkung in all unseren Geschäftsfeldern."
Auch wenn dies ein fiktives Beispiel ist, gibt es solche Statements zuhauf. Zu finden sind diese leeren Phrasen auf Webseiten und in den Hochglanzbroschüren vieler Unternehmen.
Welche Wirkung haben solche Aussagen auf Sie? Welche Informationen können Sie aus diesen Sätzen gewinnen? Die Antworten auf diese Fragen lauten: keine und keine. Für Verkaufsgespräche (übrigens sind Broschüren und Webseiten auch Teil eines erweiterten Verkaufsgesprächs) sind leere Sätze besonders schädlich. Im Ver-

kaufsgespräch möchten Sie Ihr Gegenüber überzeugen. Auf welcher Grundlage aber soll der Kunde eine Entscheidung treffen, wenn die verwendeten Sätze nur informationslose Phrasen sind?
Durch das Verkaufsgespräch soll auch die Vorstellungskraft des Kunden angesprochen werden. Mit leeren Worthülsen kommen Sie aber nicht in den Kopf des Kunden – und genau da wollen Sie doch rein!
Häufig entstehen Phrasen durch die Verwendung des Nominalstils oder unbestimmter Verben. Verkaufen hat also auch etwas mit Grammatik zu tun. Etwas einfacher ausgedrückt: Wörter, die etwas bezeichnen, das Sie weder anfassen noch sehen oder hören können, haben kaum Wirkung im Verkaufsgespräch.
Das Wort „kaum" in diesem Satz deutet jedoch schon darauf hin, dass auch solche Wörter einen Nutzen haben: Sie passen immer dann, wenn Sie sich nicht festlegen wollen. Das kann nützlich sein, wenn Kunde und Verkäufer verschiedene Vorstellungen haben. Unter „Qualität" – ein wenig konkretes, leeres Wort – mag der Kunde etwas anderes verstehen als der Verkäufer. Der Verkäufer möchte aber, dass der Kunde es so versteht, wie er es sich wünscht. Dazu kann dieses Wort im Satz verwendet werden.

Erkennungsmerkmale von Worthülsen:
- Worte mit der Endung „-ung" (z. B. Vermarktung),
- Worte mit der Endung „-keit" (z. B. Langlebigkeit),
- Worte mit der Endung „-ät" (z. B. Qualität),

- Worte, die keinen Gegenstand beschreiben (z. B. Strahlkraft),
- unbestimmte Verben (z. B. machen),
- Eigenschaften ohne Bezug (z. B. viel).

Statt leere Phrasen und Worthülsen zu verwenden, sollten Sie im Verkaufsgespräch vor allem explizit und eindeutig sprechen. Der Kunde muss genau verstehen, was Sie meinen. Die größten Schwierigkeiten in Verkaufsgesprächen entstehen aus Missverständnissen. Wenn Sie etwas anders sagen, als Sie meinen, reden Sie nicht miteinander, sondern aneinander vorbei.

Die Lösung ist eine verständliche und detailgenaue Sprache. Werden Sie präzise. Wer nicht sagt, was er will, bekommt nicht, was er wünscht.

Wenn Sie sich anhand der zuvor aufgeführten Beispiele klarmachen, was leere Worte sind, können Sie Ihre Sätze entsprechend umbauen. Aus *„Die Qualität unserer Produkte ist im Markt überdurchschnittlich"* wird beispielsweise: *„Unsere Produkte haben im Test mit 1,2 abgeschnitten. Der Kunde P. sagte über uns: ‚Das Produkt der Firma Y ist besser als alle anderen.'"* Das ist eine präzise Aussage, die genau erklärt, warum Sie behaupten können, dass Ihr Produkt so gut ist.

Leere Worthülsen und nichtssagende Satzgebilde gehen meist mit dem Problem einher, dass die Aussagen nicht bewiesen sind. Da es aber um Vertrauen und Glaubwürdigkeit geht, müssen Sie alles, was Sie im Verkaufsgespräch sagen, auch beweisen können.

Auch beim Thema Kundennutzen sind leere Worte fehl am Platz: Ihr Kunde fragt sich, was er von Ihrem Produkt hat. Wenn Sie dann leere Worte benutzen, ist es, als würden Sie zum Kunden nichts anderes sagen als: „Unser Produkt hat einen Nutzen für Sie." Wenn es einen Nutzen gibt, dann nennen Sie ihn auch ganz konkret.

Tuning fürs Verkaufsgespräch

Ein Verkaufsgespräch ist nicht einfach nur ein Austausch von Informationen. Zum Kaufabschluss führt es nur, wenn Sie Ihren Gesprächspartner überzeugen und eine Wirkung erzielen. Die Wirkung wiederum ist nicht nur abhängig dem, was Sie sagen, sondern vor allem davon, wie Sie es sagen. Sie haben Ihr Gegenüber vielleicht durch Informationen, Referenzen und Ihre Präsentation überzeugt, den Abschluss aber machen Sie durch die Wirkung.

Die meisten Verkäufer konzentrieren sich viel zu sehr auf die Frage, *was* sie sagen sollen. Da werden Gesprächsleitfäden erstellt und Antworten auf Einwände auswendig gelernt, ohne zu überlegen, *wie* das beim Kunden ankommt. Den Abschluss macht dann nicht der Verkäufer mit den besten Argumenten, sondern der, der die beste Wirkung hat, sprich: sich am besten verkauft.

Dabei kommt es auch auf die Wortwahl an. Sie haben in diesem Kapitel ja bereits erfahren, welche große Wirkung selbst einzelne Wörter haben können. Eine Wortgruppe, die wie Schmierstoff im Verkaufsgespräch wirkt, sind die Adjektive. Schauen wir einmal, was mit einer einfachen Information geschieht, wenn wir diese mit ein paar Adjektiven verschönern:

„Dieses Produkt möchte ich Ihnen zeigen."

„Dieses neue Produkt möchte ich Ihnen zeigen."

„Dieses neue Spezialprodukt möchte ich Ihnen zeigen."

„Dieses nagelneue Spezialprodukt möchte ich Ihnen zeigen."

„Dieses nagelneue, besondere Spezialprodukt möchte ich Ihnen zeigen."

„Dieses nagelneue, wirklich besondere Spezialprodukt möchte ich Ihnen zeigen."

„Dieses nagelneue und wirklich ganz besondere Spezialprodukt möchte ich Ihnen zeigen."

„Dieses nagelneue und wirklich ganz besondere Spezialprodukt möchte ich Ihnen gern zeigen."

Das waren acht Varianten eines einzigen Satzes, die Ihnen vor Augen führen, was passiert, wenn Sie Ihr Verkaufsgespräch auf diese Art und Weise tunen. Die Information ist die gleiche, aber die Wirkung eine ganz andere. Plötzlich werden Produkte zu etwas ganz Besonderem, und zwar nicht, weil sie sich verändern, sondern weil Verkäufer es im Verkaufsgespräch sagen. Dennoch ist hier auch eine Warnung angebracht: Übertreiben Sie es bitte nicht! Meistens ist allerdings eher das Gegenteil der Fall. Verkäufer stellen ihr Licht gern unter den Scheffel.

Eine weitere Möglichkeit, um das Verkaufsgespräch zu tunen, besteht darin, die Bedeutung des Produktes für eine Branche oder für bestimmte Kunden hervorzuheben. Hierzu wieder ein Beispiel: *„Dieses wirklich besondere Spezialprodukt möchte ich Ihnen gern vorstellen."* Angepasst an die Zielgruppe wird daraus: *„Dieses wirklich besondere Spezialprodukt für Heizungsmonteure möchte ich Ihnen gern vorstellen."*

Das Produkt ist das gleiche und die Information auch – na ja, zumindest fast. Eine Kleinigkeit wurde ergänzt, nämlich die Zielgruppe. Natürlich passt das Produkt auch für alle anderen Kunden, aber durch das Nennen der jeweiligen Zielgruppe, in diesem Fall der Heizungsmonteure, fühlt sich der Kunde mehr angesprochen. Dadurch geben Sie dem Kunden das Gefühl, das Produkt ist wie für ihn gemacht, und gerade in Zeiten von Massenprodukten sehnen sich viele Kunden nach einer solch individuellen Ansprache.

30 *Ein Nein ist kein Grund, sich zu ärgern, sondern der Anfang vom Verkaufen. Vorsichtig sollten Sie beim Wort „aber" sein, da es bedeuten kann, dass eine Aussage nicht wirklich ernst gemeint ist,*

Ähnliches gilt für „eigentlich". Leere Worthülsen sollten Sie ebenfalls vermeiden, tunen Sie Ihr Verkaufsgespräch stattdessen mit Adjektiven.

2.3 Storys, die verkaufen

Der Erfolg vieler Produkte und Firmen liegt in der Geschichte, in der Story, die zum Produkt erzählt wird. Welche Geschichte fällt Ihnen ein, wenn ich Ihnen die Stichworte „Spülmittel" und „Spanien" gebe? Wahrscheinlich die Geschichte von den zwei Dörfern Villabajo und Villarriba. Nach einer Umfrage kennen 91 Prozent der Deutschen diese Werbegeschichte der Firma Procter & Gamble.

Storytelling als Verkaufstechnik

Der Erfolg von Storytelling in der Werbung liegt vor allem an der Vielzahl an Informationen, die in eine Geschichte passen.

Um Menschen im Verkauf von einem Produkt oder einer Dienstleistung zu überzeugen, bedarf es vieler Elemente. Die reine Produktpräsentation reicht nicht aus, um einen Kaufimpuls auszulösen. Um Menschen zu überzeugen, müssen Sie Vertrauen schaffen. Kunden sind gerade bei neuen Produkten und bei neuen Verkäufern erst einmal misstrauisch und fragen sich: *„Warum soll ich glauben, was der Verkäufer sagt?"* Hat man als Verkäufer keine Story parat, beantwortet man dem Kunden diese Frage mithilfe von Referenzen und bringt so zum Ausdruck: *„Diese Kunden vertrauen mir bereits, dann können Sie mir auch vertrauen."*

Als Verkäufer sollten Sie zudem versuchen, eine persönliche und möglichst emotionale Bindung aufzubauen. Denn findet der Kunde den Verkäufer sympathisch, verkauft es sich deutlich leichter.

Auch die Art und Weise der Produktpräsentation entscheidet über den Erfolg eines Verkaufsgesprächs. Eine trockene, mit reinen Fakten gefüllte Präsentation der Produkte löst seltener einen Kaufimpuls aus als eine emotionale Ansprache mit Begeisterung.

All diese Dinge, die zum Abschluss führen, lassen sich hervorragend in eine Verkaufsstory verpacken. Deshalb gilt: Eine gute Story ist besser als jede Verkaufstechnik.

Warum Storys sich so gut für den Verkauf eignen:

- Sie sprechen, ähnlich wie ein Film, alle Sinne an.
- Es lassen sich viele verkaufsrelevante Informationen unterbringen.
- Storys sind leichter zu merken und lassen sich besser weitererzählen als jede Produktbeschreibung.
- Man kann durch eine Story ein Produkt beschreiben, das man nicht anfassen kann.
- Storys eignen sich auch für komplexe Produkte.
- Durch Anwendergeschichten lassen sich Referenzen ins Verkaufsgespräch einbauen.
- In Storys kann man auf charmante Art Eigenlob verpacken.
- Eine Story wird nicht als Werbung empfunden.
- Eine Story ist das Gegenteil von langweilig.

Aufbau einer überzeugenden Geschichte

Im Folgenden erhalten Sie einen Überblick über die verschiedenen Arten von Verkaufsstorys und erfahren, wie Sie eine solche Geschichte entwickeln und nutzen können.

Die Referenz-Story:

Diese Art von Geschichte dient dazu, mit Referenzen zu überzeugen. Dabei werden die Referenzen nicht wie in einem Werbeprospekt einfach nur aufgelistet, sondern in Form einer Story präsentiert.

Die Referenz-Story enthält drei Elemente:

1. Nennung der Referenzfirma: Das sollten Sie nur tun, wenn die Firma sehr bekannt ist und man sich mit ihrem Namen gerne schmücken möchte. Ansonsten reichen Formulierungen wie „Ein Kunde von mir ..." oder „Ich hatte da mal einen Kunden, der ...". Die Firma sollte wenn möglich der gleichen Branche angehören wie die des Kunden, dem Sie die Story erzählen. Der Kunde muss sich in der Geschichte wiederfinden, um sie nachfühlen zu können.
2. Einsatz des Produktes in der Referenzfirma: Auch hier sollte sich der Kunde wiederfinden. Am besten ist es, wenn er sich quasi schon selbst mit dem Produkt arbeiten sieht.
3. Probleme, die mit dem Produkt gelöst werden: Je größer das Problem ist, das in der Geschichte gelöst wird, desto wirksamer ist die Geschichte im Verkaufsgespräch. In jeder Geschichte muss zunächst

ein möglichst unüberwindbar erscheinendes Problem vorkommen. Weil Sie derjenige sind, der das Problem schließlich lösen kann, werden Sie zum Helden der Geschichte.

Die Vorführ-Story:
Die größte Wirkung bei Produktpräsentationen erreichen Sie, wenn Sie Produkte direkt vorführen können. Damit können Sie den Beweis antreten, dass Ihr Produkt nicht nur gut, sondern sogar genau das richtige für Ihren Kunden ist. Ihre Produktpräsentation hat zudem auch emotional eine wesentlich bessere Wirkung, wenn der Kunde das Produkt sehen und sogar anfassen kann.
Manchmal ist es aber nicht möglich, ein Produkt vorzuführen. Sie sitzen zum Beispiel im Büro eines Kunden und wollen ihm ein Produkt verkaufen, das sich jedoch nur in der Produktion vorführen lässt. In einem solchen Fall ist die Vorführ-Story genau das Richtige, um den Kunden zu überzeugen. Sie ist sozusagen ein Ersatz für die unmittelbare Vorführung.
Die Vorführ-Story enthält vier Elemente:

1. Schilderung des Problems: Schildern Sie ein dringendes Problem, möglichst detailliert und in allen Farben. Erklären Sie den Nachteil von bisherigen Lösungen.
2. Problem des Kunden: Vergewissern Sie sich, dass der Kunde ein ähnliches Problem hat. Fragen Sie danach.

3. Lösung des Problems: Beschreiben Sie genau, wie durch den Einsatz Ihres Produktes oder Ihrer Dienstleistung das Problem gelöst wird.
4. Mögliche Lösung für den Kunden: Erklären Sie dem Kunden, wo und wie auch er mit Ihrem Produkt sein Problem lösen kann.

Die Worst-Case-Story

Diese Art von Geschichte eignet sich für zwei Bereiche: zum einen wenn Sie etwas verkaufen, das man nicht anfassen kann, zum anderen wenn Sie etwas verkaufen, das der Kunde zwar jetzt nicht braucht, über dessen Besitz er aber im Ernstfall froh wäre.

Bei Produkten, die für Sicherheit sorgen, zum Beispiel Alarmanlagen, eignet sich diese Variante des Storytelling ganz besonders gut, das Gleiche gilt für Versicherungsprodukte.

Die Worst-Case-Story enthält vier Elemente:

1. Fall, in dem das Produkt nicht gekauft wurde: Erzählen Sie, was geschehen ist, weil jemand Ihr Produkt nicht gekauft hat. Ja, machen Sie Ihrem Kunden durch diese Geschichte Angst! Sie meinen es gut mit ihm, schließlich geht es ja darum, dass ihm nicht das Gleiche passieren soll.
2. Emotionalität: Beschreiben Sie, welche Gefühle die Person, von der sie erzählen, empfand, weil sie Ihr Produkt in der beschriebenen Situation nicht hatte. Packen Sie ruhig etwas Emotionalität und Verzweiflung in die Geschichte.

3. Alternatives Szenario: Beschreiben Sie, was stattdessen passiert wäre, wenn dieser Kunde Ihr Produkt gekauft hätte.
4. Gute Absicht verdeutlichen: Zeigen Sie, dass Sie es gut mit Ihrem Kunden meinen, dass es Ihnen also vor allem darum geht, ihn vor einem solchen Worst-Case-Szenario zu bewahren. Verkaufen Sie ihm deshalb Ihr Produkt.

Was steht am Ende der Geschichte?
Wichtig bei jeder Story, die verkaufen soll, ist eine klare Handlungsempfehlung am Ende der Geschichte. Die Handlungsempfehlung besteht hier natürlich darin, zu verkaufen oder zumindest den Abschluss vorzubereiten.

Woher kommen die Geschichten?

Wir bewundern Menschen, die tolle Geschichten erzählen können. „Wie kommt man nur auf solche tollen Geschichten?“, fragt man sich dann oft, während man der spannenden Story lauscht.

Gute Geschichten finden kann jeder! Menschen, die gute Geschichten erzählen, zeichnen sich jedoch dadurch aus, dass sie sich nicht nur für sich selbst, sondern auch für andere interessieren. Sie müssen einfach nur die Augen offen halten. Es gibt so viele Gelegenheiten, Geschichten selbst zu erleben, sowohl im beruflichen als auch im privaten Umfeld. Humorvolle Geschichten entstehen zum Beispiel, wenn Sie Situationen in der Partnerschaft zum Vergleich heranziehen.

Für den Businessbereich eignen sich oft auch Geschichten über Erlebnisse beim Shoppen. Erzählen Sie eine Worst-Case-Geschichte über schlechten Service, den Sie erlebt haben, und weisen Sie dann auf Ihr gutes Angebot hin.

Viele Verkäufer sind zudem viel unterwegs und übernachten häufig in Hotels. Hotels sind eine wunderbare Quelle für alle möglichen Storys.

Vielleicht sind Sie aber auch gar nicht viel unterwegs, weil Sie vor allem am Telefon arbeiten? Auch am Telefon erlebt man so einiges! Wenn Sie einmal darüber nachdenken, fallen Ihnen bestimmt gute Geschichten ein.

Auf der Suche nach einer passenden Story sollten Sie auch einmal Ihre Kundenliste durchgehen. Bei dem ein oder anderen Namen fällt Ihnen bestimmt sofort eine gute Geschichte ein. Fragen Sie auch mal Ihre Kunden, welche Geschichten diese schon mit Ihrem Produkt erlebt haben.

Auf der Suche nach passenden Geschichten:
Um eine gute Geschichte für ein Verkaufsgespräch zu finden, stellen Sie sich folgende Fragen:

- Bei welchem Kunden haben Sie schon mal etwas Ähnliches erlebt?
- Wo haben Sie mit Ihrem Produkt schon mal ein Problem gelöst?
- Wer hat sich tausendmal bei Ihnen für Ihr Produkt bedankt?

Vorsicht!

Manchmal hört man auch tolle Geschichten von anderen. Das mag Verkäufer dazu verleiten, diese Geschichten einfach selbst zu nutzen.

Grundsätzlich können Sie das tun, vorausgesetzt, Sie haben zuvor gefragt, ob Sie die Geschichte weitererzählen dürfen. Sie könnten sie dann einleiten mit: „XY hat mir mal eine unglaubliche Geschichte erzählt ..."

Die große Gefahr bei Geschichten, die von anderen übernommen wurden, besteht jedoch darin, dass der Kunde diese Geschichte möglicherweise schon mal gehört hat. Das ist dann leider kontraproduktiv und manchmal sogar peinlich.

Im eigentlichen Verkaufsgespräch ist die Sprache das entscheidende Werkzeug, das Sie geschickt einsetzen sollten.

30

- ***Small Talk bringt nichts, wecken Sie stattdessen schon beim Einstieg die Neugier des Kunden.***
- ***Achten Sie genau auf Ihre Wortwahl und vermeiden Sie inhaltsleere Phrasen.***
- ***Mit guten Geschichten können Sie Ihre Kunden besser als mit jeder anderen Verkaufstechnik überzeugen.***
- ***Mit Geschichten können Sie Referenzen, Produktbeschreibungen, Worst-Case-Szenarien und Anwendungsmöglichkeiten geschickt verpacken.***

30 MINUTEN

3. Der Verkaufsabschluss

Kein anderes Element des Verkaufsgesprächs ist so sagenumwoben und geheimnisvoll wie der Akt des Verkaufsabschlusses. Der Abschluss ist die Königsdisziplin im Verkauf und der Höhepunkt eines erfolgreichen Verkaufsgesprächs. Eines sollte Ihnen jedoch klar sein: Nicht jeder Abschlussversuch führt zum Abschluss, so wie nicht jede Hochzeit zu vielen Kindern führt.

Der Abschluss beginnt nicht erst am Ende des Verkaufsgesprächs – Abschluss ist immer! Ein guter Verkäufer möchte schließlich immer verkaufen.

In diesem Kapitel erfahren Sie, wie Sie durch Fragetechniken verkaufen, und vor allem, wie man Kunden kaufen lässt, statt ihnen zu verkaufen. Nicht zuletzt sollten Sie sich auch darüber im Klaren sein, dass der Verkaufsabschluss etwas sehr Emotionales ist. Gerade in der Abschlussphase sollten Sie daher mehr Emotionalität ins Verkaufsgespräch bringen.

3.1 Wer fragt, verkauft

Mit Fragen können Sie alles erreichen, und das gilt gerade für das Verkaufsgespräch. Nicht das, was Sie dem Kunden sagen, sondern das, was Sie ihn fragen, führt zum Abschluss. Je mehr gute Fragen Sie dem Kunden stellen, desto mehr wissen Sie, was genau der Kunde braucht. Und was kauft er dann? Natürlich das, was er braucht!
In diesem Kapitel lernen Sie fünf Arten von Fragen kennen, mit deren Hilfe Sie dem Abschluss näher kommen.

1. Fragen nach dem Potenzial

Verkäufer präsentieren mit Stolz ihre Produkte und Dienstleistungen. Dabei erklären sie dem Kunden mit all ihrer Redekunst, warum dieser genau ihre Produkte braucht. Wer seine Kunden auf diese Weise entmündigt, braucht sich nicht zu wundern, wenn er nicht zum Abschluss kommt.
Ein richtig gutes Verkaufsgespräch lebt nicht von einem Monolog, sondern vom Dialog, bei dem beide Seiten zur Kommunikation beisteuern. Es geht darum, den Kunden zu verstehen und ihm die optimale Lösung anzubieten und zu verkaufen.
Damit der Verkäufer seinen Kunden versteht, ist es unabdingbar, die richtigen Fragen zu stellen. Den gefürchteten Kundeneinwand „Das brauche ich nicht" kann man umgehen, indem man Fragen nach dem Potenzial stellt.
Es lohnt sich überhaupt nicht, jemandem etwas anzu-

bieten, das er nicht oder nur in geringem Umfang braucht. Für einen Hersteller, der an den Großhandel liefert, lohnt es sich wiederum wohl kaum, Produkte einzeln und in kleinen Mengen anzubieten.

Wenn Sie also wissen wollen, ob es sich überhaupt lohnt, mit einem bestimmten Kunden eine ausführliche Verkaufsverhandlung zu führen, sollten Sie das Potenzial erfragen. Eine solche Frage könnte zum Beispiel sein: *„Über welche Menge reden wir hier?“* Oder: *„Wie viel und in welchen Abständen kaufen Sie diese Produkte?“*

Übrigens ist es auch sinnvoll, den direkten Kontakt im Verkaufsgespräch nach seiner Entscheidungskompetenz zu fragen. Hat der Gesprächspartner gar keine Befugnis und keinen Einfluss auf die Kaufentscheidung, bringt es nichts, ein langes Verkaufsgespräch zu führen.

2. Fragen nach dem Zeitrahmen

Wichtig für Sie als Verkäufer ist es auch, den zeitlichen Rahmen zu kennen. Wann wird Ihr Produkt benötigt? Wann wird die Kaufentscheidung gefällt?

Wenn Sie dem Kunden ein schriftliches Angebot machen wollen, ist dies schließlich mit viel Aufwand verbunden. Wenn die Kaufentscheidung noch weit in der Zukunft liegt, kann sich bis dahin vieles ändern, zum Beispiel der Preis oder auch der Bedarf des Kunden. In diesem Fall können Sie sich eine Notiz (z. B. in einem Computerprogramm mit Wiedervorlagesystem) machen und später wieder auf den Kunden zugehen.

3. Fragen nach den Problemen

Fragen Sie den Kunden, welche Probleme er gern lösen möchte. Sie erfahren dann, ob Ihr Produkt das passende ist, und auch den Grund, warum er es kaufen würde. Wenn Sie dem Kunden dann sagen können, dass Ihr Produkt genau dieses Problem lösen kann, reagiert er womöglich mit einem erfreuten: *„Sie verstehen mich aber gut!"* In Wirklichkeit stellen Sie einfach nur gute Fragen.

4. Fragen nach der optimalen Lösung

Fragen dieser Art haben zwei Funktionen: Zum einen fragen Sie natürlich nach der optimalen Lösung eines Problems. Diese Fragen ähneln damit dem dritten Typ, mit dem Unterschied, dass sie positiver formuliert sind.

Zum anderen bauen Sie in die Frage eine stillschweigende Voraussetzung mit ein. Wenn Sie zum Beispiel fragen: „Wie müsste die Dienstleistung genau aussehen, damit Sie diese bei mir bestellen?", gehen Sie davon aus, dass der Kunde bei Ihnen kaufen wird, wenn Sie die optimale Lösung bieten können. Psychologisch gesehen kann der Kunde dann gar nicht anders, als bei Ihnen zu kaufen.

5. Fragen nach dem Motiv

Bei dieser Frageform geht es für Sie als Verkäufer darum, Informationen darüber zu erhalten, warum Ihr Kunde kauft oder kaufen würde.

Die Frage nach dem Motiv beginnt immer mit einem „Warum". Zum Beispiel: *„Warum kaufen Sie Fertiggerichte?"* Antwortet der Kunde dann: *„Weil ich keine Zeit zum Kochen habe"*, wissen Sie, dass ein wichtiges Kaufmotiv bei diesem Kunden die Zeitersparnis ist.

Bessere Angebote durch bessere Fragen

„Machen Sie mir mal ein Angebot", wie oft hören Sie als Verkäufer diesen Satz? Viele Unternehmen beschäftigen ganze Abteilungen für die Angebotserstellung. Die Anfragen kommen in großen Mengen per E-Mail, per Fax oder per öffentlicher Ausschreibung. Die meisten Angebote werden dann fast vollautomatisch mit der passenden Software geschrieben. Hunderte Anfragen können so in kürzester Zeit beantwortet werden. Die Angebote unterscheiden sich meist nur in der Empfängeradresse. Der Erfolg solcher Angebote ist eher mäßig. Generell ist das Schreiben von Angeboten für viele Firmen ein lästiges Übel. Es ist äußerst frustrierend, wenn man viel Zeit und Mühe in Angebote investiert und kaum eines davon zum Abschluss führt. Der Antrieb, trotzdem weiter viele Angebote zu schreiben, ist eher das Prinzip Hoffnung.
Durch richtige Fragen im Vorfeld können Sie dagegen ein Angebot schreiben, das zum Auftrag führt. Machen Sie sich dazu klar: Es kommt nicht darauf an, wie viele Angebote Sie schreiben, sondern wie viele passende Angebote Sie schreiben.

Schreiben Sie erfolgreiche Angebote!
Für den Erfolg von schriftlichen Angeboten sind drei Dinge entscheidend:

1. Sprechen Sie den Kunden individuell und persönlich an.
2. Finden Sie heraus, was die am besten passende Lösung für den Kunden ist.
3. Machen Sie ein Angebot, das sich vom Wettbewerb unterscheidet. (Bei einem Angebot, das nicht vergleichbar ist, lässt sich auch der Preis nicht vergleichen.)

Die Informationen, die Sie benötigen, um erfolgreiche Angebote zu schreiben, erhalten Sie durch die entsprechenden Fragen. Sie können auch nach bereits vorliegenden Angeboten fragen und danach, wie sich der Kunde ein Angebot vorstellt und was er sich wünscht.

30 *Je besser Ihre Fragen, desto leichter haben Sie es beim Abschluss. Es ist einfach, Kunden zufriedenzustellen, wenn Sie wissen, was diese wirklich wollen, wann sie es wollen und aus welchem Grund. Auf Grundlage dieser Informationen lassen sich auch bessere schriftliche Angebote erstellen.*

3.2 Kaufen lassen statt verkaufen

Viele Kunden haben eine Abneigung dagegen, etwas „verkauft zu bekommen“. Niemand möchte das Gefühl

haben, das „Opfer“ von manipulierenden Verkäufern zu sein. Menschen möchten gern selbst entscheiden, das gilt auch im Verkaufsgespräch.
Auch wenn man als Verkäufer alles tun sollte, um das richtige Produkt an den richtigen Kunden zu verkaufen, soll der Kunde dabei immer das Gefühl haben, die Entscheidung selbst zu treffen.

Menschen wollen nichts verkauft bekommen, kaufen aber gern.

Zufriedene Kunden

Es gibt kaum etwas Befriedigenderes für einen Verkäufer, als zu erleben, wie ein Kunde mit Stolz kauft und seine Entscheidung nicht im Geringsten bereut.
Solche Kunden kaufen bei nächster Gelegenheit wahrscheinlich gerne wieder, bleiben Verkäufern oft dauerhaft treu und empfehlen das Angebot vielleicht sogar weiter. Es sollte also in Ihrem Sinn sein, Ihren Kunden ein solches Gefühl zu vermitteln.
Um Kunden mit einem guten Gefühl „kaufen zu lassen“, sollten Sie im Verkaufsgespräch auf Folgendes ganz besonders viel Wert legen:

1. **Kundenwünsche erfüllen:** Betonen Sie immer wieder, in welchen Punkten Ihr Produkt mit den Wünschen des Kunden übereinstimmt. So machen Sie deutlich, dass sich der Kunde mit dem Kauf seine eigenen Wünsche erfüllt.
2. **Vorteil für den Kunden herausstellen:** Es sollte

für den Kunden klar sein, dass er mit dem Kauf nicht Ihnen, dem Verkäufer, sondern sich selbst einen Gefallen tut.

Der Kunde ist nicht zufrieden, wenn er kauft, sondern wenn er weiß, *warum* er kauft. Wer zufriedene Kunden haben möchte, muss also mehr tun, als nur „irgendwie“ zu verkaufen. Entscheidend ist es, keinen Druck, sondern einen Sog zu erzeugen. Wenn das gelingt, dann reicht es aus, den Kunden kaufen zu lassen.

30 *Wer mit Sog statt mit Druck verkauft, dessen Kunden sind zufriedener. Kunden sollten immer das Gefühl haben, die Kaufentscheidung selbst zu treffen.*

3.3 Kunden zu Fans machen

Treue Kunden sind schwer zu finden und man muss dafür viel Arbeit investieren. Es ist nicht ungewöhnlich, dass Kunden heute sehr wechselfreudig sind und sich schnell für eine andere Marke oder ein anderes Produkt begeistern.
Besonders schnell geht das, wenn einmal Probleme mit einem Produkt auftreten. Dann sind Kunden schnell weg, und Sie haben als Verkäufer kaum noch eine Chance, sie zu überzeugen, Ihnen doch weiter treu zu bleiben.

Doch es gibt Firmen und Produkte, denen scheinbar jeder Fehler und jede Panne verziehen wird. Die Kunden beurteilen diese Firmen kaum noch objektiv, sie sind einfach überzeugt, das beste Produkt von der besten Firma zu haben. Solche Kunden sind wie Fußballfans, die treu zu ihrem Verein stehen, auch wenn es mal nicht so gut läuft.

Wer viele Fans hat, braucht keine Kunden mehr.

Der Herdentrieb

Menschen wollen gern einer Gruppe angehören, sich mit ihr identifizieren und dazugehören. Jede Gruppe hat bestimmte Markenzeichen, die eine Botschaft vermitteln sollen. Ähnlich wie die Fahnen eines Fußballvereins sind auch bestimmte Marken und Produkte für bestimmte Gruppen Zeichen der Zugehörigkeit.

Wenn Sie merken, dass Ihr Kunde zu einer bestimmten Gruppe gehören möchte, brauchen Sie ihm nur zu zeigen, dass Ihr Produkt diese Zughörigkeit unterstreicht. Zählt er sich zum Beispiel zu den Umweltschützern, dann können Sie auf ökologische Aspekte Ihres Produktes aufmerksam machen.

Die Story

Das schon beschriebene Storytelling lässt sich auch hervorragend dafür verwenden, Kunden zu Fans zu machen. Menschen unterstützen gern Produkte und Firmen, die eine herausragende Geschichte haben.

So eine Geschichte erreicht dann schnell viele Menschen und ein Produkt oder eine Marke wird zum Kult. So entsteht schnell eine große Fangemeinde.

Die Maskottchen

Wenn Kunden nicht nur Ihr Produkt, sondern dazu auch noch Merchandising-Produkte mit Ihrem Logo haben wollen, dann haben Sie es geschafft, sie zu Fans zu machen.

Überlegen Sie doch einmal, ob Sie nicht einfach ein paar Produkte mit Ihrem Logo herstellen können. Manche Firmen haben sogar ein Maskottchen, das die Fans mit Begeisterung kaufen.

30

Der Abschluss ist der Höhepunkt eines Verkaufsgesprächs. Sie können viel dafür tun, dass Ihre Kunden oft – und mit Begeisterung – bei Ihnen kaufen.

- ***Stellen Sie im Gespräch viele Fragen. So erhalten Sie Informationen, um individuell auf den Kunden zugeschnittene Angebote zu erstellen.***
- ***Geben Sie dem Kunden immer das Gefühl, die Kaufentscheidung selbst zu treffen. Zufriedene Kunden wissen, dass sie sich mit dem Kauf selbst etwas Gutes tun.***
- ***Machen Sie Kunden zu treuen Fans, damit diese Ihnen auch mal einen Fehler verzeihen.***
- ***Fans tragen dazu bei, Ihre Marke bekannt zu machen, weil sie auch anderen von Ihren Produkten erzählen werden.***
- ***Eines ist jedoch wichtig, damit Ihre Fans bei der Stange bleiben: Enttäuschen Sie sie nicht!***

30 MINUTEN

4. Emotionen im Verkauf

Viele Verkäufer denken, sie sind erfolgreich, wenn sie ihr Produkt oder ihre Dienstleistung verkauft haben. Doch ein Verkäufer ist nur dann wirklich erfolgreich, wenn der Kunde nicht nur gekauft hat, sondern auch gern gekauft hat. Der Kunde kauft dann nicht nur ein Produkt, sondern auch ein gutes Gefühl.

Was nutzt es einem Verkäufer, wenn er ein Produkt verkauft hat, der Kunde den Kauf aber schon nach kurzer Zeit bereut? Das liegt entweder daran, dass es nicht das richtige Produkt war, oder aber der Kunde hat den Nutzen für sich selbst nicht erkannt.

Vielleicht ist Ihnen bereits aufgefallen, dass in diesem Buch kaum vom Preis die Rede ist. Warum das so ist? Weil Preise relativ sind und viel mit dem Gefühl zu tun haben, das der Kunde beim Kauf empfindet. Wenn der Kunde glaubt, dass das Produkt seinen Preis wert ist, ist das selten rational, sondern meist ein Gefühl. Machen Sie sich also nicht nur um Argumente im Verkaufsgespräch Gedanken, sondern vor allem darüber, wie Sie ein Gefühl der Zufriedenheit beim Kunden erzeugen können.

4.1 Niemand kauft aus rationalen Gründen

„Kunden kaufen, wenn sie überzeugt sind“ – das ist falsch! Kein Mensch kauft aus rationalen Gründen. Das heißt, eine Kaufentscheidung wird nicht getroffen, weil alle Vor- und Nachteile abgewogen wurden. Würde man zu jeder Kaufentscheidung eine Pro-und-Kontra-Liste erstellen, käme man schnell zu der Erkenntnis, dass offenbar viele Kaufentscheidungen getroffen werden, obwohl das Kontra überwiegt.

Verschiedene Kaufmotive

Wie eine Kaufentscheidung tatsächlich getroffen wird, kann man nur erahnen. Die Logik spielt dabei eine wesentlich geringere Rolle, als viele annehmen. Der überwiegende Teil einer Kaufentscheidung wird eher unbewusst oder, wie man gemeinhin sagt, vom Unterbewusstsein getroffen.

Unser Handeln, zu dem auch Kaufentscheidungen gehören, wird von unseren Motiven bestimmt. Motive sind sozusagen die Gründe für unser Handeln. Welche Motive uns jeweils antreiben, kann man durch eine ehrliche Antwort auf die Frage nach dem Warum herausbekommen. Warum kauft zum Beispiel ein Kunde ein teures Produkt, obwohl die günstigere Alternative die gleiche Leistung bietet? Die Antwort darauf nennen wir das Kaufmotiv.

Beispiele für Kaufmotive:

- **Bequemlichkeit:** Wir kaufen Dinge, selbst wenn sie mehr kosten als die Alternativen, weil es so bequemer für uns ist, z. B. Fertiggerichte.
- **Zugehörigkeit:** Wir kaufen etwas, weil wir zu der Gruppe gehören wollen, die dieses Produkt oder diese Marke kauft.
- **Gesundheit:** Wir kaufen Dinge, die gesund für uns sind.
- **Umweltbewusstsein:** Wir kaufen bevorzugt umweltfreundliche Produkte.
- **Ansehen:** Wir kaufen Dinge, die unser Ansehen steigern können.

Die richtigen Kaufmotive ansprechen

Warum jemand etwas kauft oder kaufen würde, können Sie wiederum im Verkaufsgespräch durch Fragen herausfinden. Aber auch durch einfaches Zuhören erfahren Sie eine ganze Menge über die Motive der Kunden. Wenn Sie nun diese Motive kennen, müssen Sie dem Kunden nur noch erklären, inwiefern Ihr Produkt genau mit seinen Motiven übereinstimmt. Ein und dasselbe Produkt kann aus unterschiedlichen Gründen gekauft werden. Deshalb ist es so wichtig, jeden Kunden möglichst individuell anzusprechen und keine Verkaufsgespräche von der Stange zu führen.

Kaufentscheidungen sind nicht das Ergebnis einer rationalen Pro-Kontra-Abwägung. Wenn Sie wissen, warum Ihre Kunde kauft, brauchen Sie Ihre 30

Argumentation nur noch seinen Motiven anzupassen. Denken Sie daran, dass die Kaufmotive verschieden sind.

4.2 Emotionen verkaufen

Der Inhalt Ihres Verkaufsgesprächs und auch die Art und Weise, wie Sie argumentieren, entscheidet über den Verkaufserfolg. Die größte Wirkung im Verkaufsgespräch erzielen Sie aber mit einer emotionalen Ansprache. Dabei geht es darum, die Gefühle des Kunden anzusprechen.

Das eigene Gefühl

Wenn Sie die Emotionen Ihres Kunden ansprechen wollen, müssen Sie erst einmal selbst emotional werden. Hier schließt sich der Kreis, denn dies war bereits Thema im Kapitel über die Vorbereitung des Verkaufsgesprächs. Verkaufsgespräche beginnen im Kopf, und zwar in Ihrem. Zum Kopf kommt nun noch der Bauch hinzu. Ihr Bauch steht hier für Ihr Gefühl. Am besten ist es, wenn Sie mit einem freudigen Gefühl ins Verkaufsgespräch gehen. Wenn das Verkaufsgespräch kein notwendiges Übel für Sie ist, sondern etwas, bei dem Sie Spaß empfinden, überträgt sich das auf Ihren Kunden. Umgekehrt gilt: Wer sich im Verkaufsgespräch nicht gut fühlt, kann nicht verkaufen.

Achten Sie darauf, dass Sie mit der richtigen Stimmung ins Verkaufsgespräch gehen. Ist Ihre Stimmung nicht so

gut, nehmen Sie lieber einen neuen Anlauf für das Gespräch.
Aber auch während des Gesprächs sollten Sie darauf achten, keine Abwehrhaltung einzunehmen und nicht unter Stress zu geraten. Eine entspannte Atmosphäre fördert das Kaufinteresse.

Was Sie Ihre Stimmung verbessern können:
Wenn Sie bewusst auf Ihre Stimmung achten, wird Ihnen das mit der Zeit in Fleisch und Blut übergehen. Damit Sie mit den richtigen Emotionen verkaufen, sollten Sie folgende Punkte beachten:

- Nehmen Sie sich genügend Zeit für die Vorbereitung zwischen den Verkaufsgesprächen.
- Denken Sie an bisherige, gute Erlebnisse mit Ihrem Kunden (bei Neukunden denken Sie an ähnliche Kunden).
- Bringen Sie sich in die richtige Stimmung (notfalls lachen Sie einmal kräftig oder singen Sie).
- Vermeiden Sie Stress.
- Freuen Sie sich auf das Gespräch (nicht nur auf den Umsatz).
- Lesen Sie in diesem Buch.

Bringen Sie den Kunden zum Schmunzeln

Wenn Sie es schaffen, die Mundwinkel Ihres Kunden auch nur ein kleines bisschen nach oben zu bekommen, macht das meist schon die Hälfte des Verkaufserfolgs aus. Damit das funktioniert, sollten Sie bereits Ihre ersten Worte mit etwas Humor würzen.
Achten Sie einmal darauf, wie viel Humor in der Wer-

bung vorkommt. Wenn es in der Werbung funktioniert, sollten Sie Humor auch unbedingt ins Verkaufsgespräch einbringen.
Die beste Art von Humor besteht übrigens darin, auch mal über sich selbst lachen zu können und sich selbst nicht so ernst zu nehmen. Nichts lockert eine Verkaufssituation mehr auf als Humor.

30 ***Kaufentscheidungen basieren nicht auf Logik, sondern werden oft unbewusst auf Grundlage individueller Motive gefällt. Diese Kaufmotive Ihres Kunden sollten Sie herausfinden.***
Emotionen sind das Erfolgsgeheimnis im Verkaufsgespräch. Dabei kommt es vor allem darauf an, wie Sie sich selbst fühlen, denn Ihre Stimmung überträgt sich unweigerlich auf den Kunden.
Nehmen Sie sich vor jedem Verkaufsgespräch genügend Zeit, um sich selbst in die richtige Stimmung zu bringen. Nutzen Sie auch Humor, um ein Gespräch möglichst gleich am Anfang aufzulockern.

Fast Reader

1. Vor dem Verkaufsgespräch

Ein Verkaufsgespräch unvorbereitet zu beginnen, wird selten zum Erfolg führen. Zunächst gilt es, möglichst viel über den Kunden in Erfahrung zu bringen. Informationen gibt es im Internet, etwa auf der Firmenwebseite des Kunden. Diese Informationen helfen Ihnen, dem Kunden später ein optimales Angebot zu machen. Natürlich sollten Sie auch den Markt gut kennen, in dem Sie sich bewegen, und Sie sollten Ihr Produkt in- und auswendig kennen.

Verkaufsgespräche beginnen nicht beim Kunden, sondern in Ihrem Kopf. Wie denken Sie über den Kunden? Wie denken Sie über den Abschluss? Und welche Ängste müssen Sie überwinden?

Es gibt unterschiedliche Arten von Zielen, die Verkäufer in Verkaufsgesprächen verfolgen können: Neben dem Ziel, viel zu verkaufen, kann es auch mal sinnvoll sein, z. B die Pflege der Kundenbezie-

hung oder die Informationsgewinnung ins Zentrum zu stellen.

Schon bevor das eigentliche Verkaufsgespräch beginnt, haben Sie die Chance, durch eine optimale Vorbereitung die Grundlage für Ihren Erfolg zu legen:

- ***Informieren Sie sich vorab über Ihren Kunden. Das ist nicht zuletzt auch ein Zeichen von Respekt dem Kunden gegenüber.***
- ***Sie sollten Ihr Produkt so gut kennen, dass Sie sich regelrecht verlieben – dann geraten Sie im Gespräch ganz von allein ins Schwärmen.***
- ***Machen Sie sich klar, dass es normal ist, dass nicht jeder Kunde kauft. So verringern Sie die Angst vor dem Nein.***
- ***Gehen Sie niemals ohne ein Ziel in ein Verkaufsgespräch.***

2. Das Verkaufsgespräch

Im Verkaufsgespräch selbst kommt es vor allem auf Ihre Worte und die Wirkung Ihrer Worte beim Kunden an. Dabei ist der klassische Small Talk nicht zu empfehlen. Kommen Sie lieber zum Punkt und führen Sie eine verbindliche Kommunikation. Es gibt einzelne Wörter, die eine große Wirkung haben. Machen Sie sich bewusst, was genau Sie

damit sagen, beispielsweise mit den Wörtchen „aber" und „eigentlich", die eine Aussage ins Gegenteil verkehren.
Eine der wichtigsten Methoden im Verkauf ist das Storytelling, also der Einsatz von Geschichten. In eine Geschichte können Sie mehr reinpacken als in jedes Produktprospekt, und die Wirkung ist viel emotionaler.

Während des Verkaufsgesprächs ist die Sprache das Werkzeug, das Sie als Verkäufer geschickt nutzen sollten.

- ***Versuchen Sie, schon beim Einstieg ins Gespräch die Neugier des Kunden zu wecken.***
- ***Meiden Sie leere Worte und unnütze Phrasen.***
- ***Bestimmte Wortgruppen, zum Beispiel Adjektive, steigern die emotionale Wirkung Ihrer Aussagen.***
- ***Halten Sie Augen und Ohren auf, um Geschichten zu sammeln, die Sie in Verkaufsgesprächen einsetzen können.***

3. Der Verkaufsabschluss

Ohne viel Druck aufzubauen, kommen Sie mit Fragen weiter als mit jeder anderen Technik. Wenn Sie die richtigen Fragen stellen, lassen Sie kaufen, statt zu verkaufen.

Eine Sogwirkung im Verkaufsgespräch erzeugen Sie auch dadurch, dass Sie Ihre Kunden zu Fans machen, die mit Ihnen durch dick und dünn gehen und Ihnen massenhaft Referenzen bescheren.
Durch Fans bekommen Sie außerdem eine viel höhere Reichweite. Das erreichen Sie, indem Sie Ihre Kunden nicht einfach nur zufriedenstellen, sondern begeistern.

30 ***Der Abschluss ist die Königsdisziplin im Verkauf. Im Idealfall verkaufen Sie nicht nur, sondern haben immer mehr Kunden, die wirklich zufrieden sind.***

- ***Fragen haben viele Vorteile. Sie kommen dadurch auch an Informationen, die Sie für individuelle, Erfolg versprechende Angebote brauchen.***
- ***Geben Sie Kunden immer das Gefühl, selbst zu entscheiden.***
- ***Fördern Sie es, wenn sich eine Fangemeinde um Ihre Marke bildet, beispielsweise mit Merchandising-Produkten.***

4. Emotionen im Verkauf

Menschen kaufen aus unterschiedlichen Gründen. Die wenigsten Kaufentscheidungen werden allerdings rein rational getroffen.

Die Antwort auf die Frage „Warum sollen meine Kunden gerade von mir kaufen?“ hilft Ihnen, im Verkaufsgespräch genau den richtigen „Knopf“ zu finden, um den Kaufimpuls auszulösen.
Denken Sie daran, dass Emotionen verkaufen. Dabei geht es nicht nur darum, wie Sie Ihr Produkt oder Ihre Dienstleistung anbieten, sondern auch um Ihre eigene Stimmung. Denn Sie verkaufen nicht nur ein Produkt, sondern vor allem ein gutes Gefühl.

Verkaufsgespräche sind keine rein rationale Angelegenheit, im Gegenteil, oft sind Emotionen kaufentscheidend. **30**

- ***Fragen Sie viel und hören Sie Ihrem Kunden gut zu, um seine wahren Kaufmotive herauszufinden.***
- ***Versetzen Sie sich vor einem Verkaufsgespräch in eine gute Stimmung.***
- ***Würzen Sie das Gespräch mit einer Prise Humor.***

Der Autor

Tobias Ain ist Vortragsredner und Verkaufstrainer. Als Verkaufsexperte wurde er bereits einem breiten Publikum, unter anderem über ProSieben, RTL und den WDR, bekannt. Bei ihm spürt man, dass er schon „echte Kunden" gesehen und viele Tausend Verkaufsgespräche geführt hat. Nach einer handwerklichen Ausbildung und einem BWL-Studium war er als Außendienstverkäufer, Verkaufsleiter, Vertriebsleiter und Geschäftsführer im Vertrieb tätig. Nach weiteren Trainer- und Coachingausbildungen ist er heute ein gefragter Experte für viele Vertriebsorganisationen und hält Vorträge und Seminare in unterschiedlichsten Branchen.
Sie können Tobias Ain buchen für Vorträge bei Firmenevents und Vertriebsveranstaltungen und für Vertriebstrainings zu unterschiedlichen Themen.

Kontakt:
Büro Tobias Ain
Dorfstr. 34
24217 Wisch
Telefon: 04344-4099020
E-Mail: buero@tobiasain.de
www.tobiasain.de

Weiterführende Literatur

- Ain, Tobias: In 100 Tagen mehr verkaufen. Vaues-Verlag, 2015.
- Gitomer, Jeffrey: Das kleine rote Buch für erfolgreiches Verkaufen. Redline Verlag, 2009.
- Tracy, Brian: Be Charming! Wie Sie Menschen für sich gewinnen können. mvg Verlag, 2007.

Register